中国湖泊生态环境丛书

鄱阳湖生态环境研究

徐力刚　徐伟民　王晓龙　彭小平　刘梅影 等 著

科学出版社

北京

内 容 简 介

本书第 1 章基于地形地貌、气象水文、流域水系、土壤植被、社会经济等方面对鄱阳湖及其流域概况进行介绍，第 2～5 章详细研究鄱阳湖湖泊物理与水文水资源情况、湖泊水环境情况、水域生态系统结构，以及洲滩湿地生态系统演变趋势，第 6 章根据分析内容制定鄱阳湖生态健康评估指标体系，包括湖泊物理与水文水资源、水环境、水域生态系统结构、湿地生态、社会服务五个方面，第 7 章在第 6 章的基础上进行健康评估，得出鄱阳湖生态健康基本状态，第 8 章提出鄱阳湖生态环境问题分析与保护对策。

本书特色鲜明，使用范围广泛，可供自然地理学、环境科学、生态学、水产、水利、环保和国土资源规划等专业的科研、工程技术人员、大专院校师生及有关生产、管理工作者阅读和参考。

图书在版编目（CIP）数据

鄱阳湖生态环境研究 / 徐力刚等著. —北京：科学出版社，2023.3

（中国湖泊生态环境丛书）

ISBN 978-7-03-075023-5

Ⅰ. ①鄱… Ⅱ. ①徐… Ⅲ. ①鄱阳湖－区域生态环境－研究 Ⅳ. ①X321.256

中国国家版本馆 CIP 数据核字（2023）第 036607 号

责任编辑：沈　旭　黄　梅　石宏杰 / 责任校对：郝璐璐
责任印制：师艳茹 / 封面设计：许　瑞

科学出版社 出版
北京东黄城根北街 16 号
邮政编码：100717
http://www.sciencep.com
北京汇瑞嘉合文化发展有限公司印刷
科学出版社发行　各地新华书店经销

*

2023 年 3 月第 一 版　开本：787×1092　1/16
2023 年 3 月第一次印刷　印张：8 1/2
字数：200 000

定价：99.00 元
（如有印装质量问题，我社负责调换）

编　委　会

前　言

鄱阳湖是我国最大的淡水湖泊、国家首批 7 个国际重要湿地之一，也是亚洲最大的候鸟越冬地，在全球候鸟生物多样性保护上具有重要地位。习近平总书记指出："要把修复长江生态环境摆在压倒性位置，共抓大保护，不搞大开发。"鄱阳湖作为长江中游最大的淡水湖泊，至今仍保持着与长江的自然连通，是为数不多的典型通江湖泊之一，在调节长江洪水、维持长江中下游水资源和供水需求、保障人民生命财产安全等方面具有不可替代的作用，彰显了水资源的重要社会价值和经济价值。鄱阳湖高变幅的水位波动情势，造就了独特的湿地生态过程，水文水动力与水质、水生态、生物生境状况之间的联动关系尤为显著，其相对完整的湿地景观和生态系统，在世界湖泊生态系统中极具代表性和研究价值。近年来，气候变化和流域重大水利工程造成鄱阳湖的水文节律发生显著改变，影响了鄱阳湖生态环境状况。鄱阳湖正面临着水环境质量下降、水域和湿地生态系统结构和功能退化等问题。随着长江经济带绿色发展和长江大保护等国家战略的逐步实施，鄱阳湖的水生态环境问题已提升到一个新高度，亟需全新而系统的认识与理解。

本书是从事鄱阳湖研究的科研工作者在历经鄱阳湖长期实地考察和广泛收集有关科学资料或数据，以及开展专题性研究的基础上，编写而成的一部综合性鄱阳湖生态环境研究专著。全书共分为 8 章。第 1 章对鄱阳湖及其流域概况进行全面介绍，第 2~5 章详细论述鄱阳湖湖泊物理、水文、化学和生物等方面的生态环境特征和演变机理，第 6 章根据上述的研究成果，创建鄱阳湖生态环境评估的指标体系，较客观地评估目前鄱阳湖生态环境健康状况。第 7 章对具体的评估结果进行完整的阐明和总结，科学地评估鄱阳湖当前健康的基本状态。最后，第 8 章深刻分析鄱阳湖生态环境问题，提出鄱阳湖生态环境保护、管理和修复的对策建议或意见。

本书系统地展示鄱阳湖研究的最新成果，对推动鄱阳湖生态环境研究向更高层次发展具有重要现实意义和科研参考价值。

由于时间仓促，加之水平有限，书中疏漏和不当之处在所难免。热诚希望广大读者批评指正。

目　　录

第1章 鄱阳湖及其流域概况

1.1 鄱阳湖概况

在长江中下游类型众多、形态各异的地表水体中，鄱阳湖作为最大的淡水湖泊，其与长江干流的自然连通以及高变幅的水情波动特征，使其成为我国乃至全球独具特色的巨型河湖江系统。鄱阳湖重要的地理区位优势，使其在洪水调蓄、水资源和供水保障、人民生命财产安全及社会经济发展等方面发挥不可替代的作用（姚仕明等，2020）。鄱阳湖与周边流域和长江之间的密切水力交互关系，造就了鄱阳湖独特的洪泛湖泊湿地生态系统，鄱阳湖是全球生物多样性保护与研究的热点区域，是我国和东亚重要的湿地植物物种基因库，同时也是世界水生植物分化中心之一（殷康前和倪晋仁，1998；Tiner，1999；殷书柏等，2015）。因此，鄱阳湖的保护与研究具有全球性的生态意义，已成为湖泊湿地综合监测及多学科交叉研究的重要范例，在国内外均享有极高的关注度（Shaw and Fredine，1956；Ramsar Convention Secretariat，2013）。

21世纪以来，鄱阳湖自身以及周边重大水利工程等人类活动的频繁干扰，加剧了湖泊的一系列物理、化学和生物变化，叠加全球气候变化的影响，鄱阳湖的水文节律、湖泊物理形态、湖泊水质水环境、湿地生态等重要方面已发生明显改变，引起了国家、地方政府及社会各界的普遍关注（Mitsch et al.，2013；Phillips et al.，2015）。例如，鄱阳湖优良的水环境和湿地生态面临着严重的威胁，湖区局部水环境与湿地生态问题开始显现，诸多潜在的生态与环境效应正在逐步形成。在长江经济带绿色发展与保护的新形势下，鄱阳湖的水文、水质和水生态恶化等现状问题，严重制约着区域的可持续发展。因而，在当前高度变化的环境影响下，鄱阳湖及其洪泛洲滩湿地系统正在经历着剧烈而复杂的变化，在长江流域，乃至全国经济社会发展和生态安全格局中具有十分重要的地位（徐力刚等，2022；戴星照等，2003；姬志军和张连明，2019；刘观华等，2019）。

1.1.1 湖泊变迁

鄱阳湖位于江西省境内北部，长江中游南岸，是我国最大的淡水湖泊（王苏民和窦鸿身，1998；Mei et al.，2016；Li et al.，2017）。鄱阳湖古称彭蠡泽、彭泽和官亭湖，由我国古代地跨长江两岸的彭蠡泽解体后演化、变迁而成。西汉和晋代，彭蠡泽在江南水域还仅限于枭子口（今九江庐山市境，汉晋时古赣江流注彭蠡泽的交会口）以北至湖口的狭长地带。枭子口因傍官亭庙，故又有官亭湖之称。南北朝以来，彭蠡泽迅速向南扩张，水域已达今松门山南北附近。《水经·赣水注》载，"其水总纳十川，同臻一渎，俱注于彭蠡也。北入于江。"隋代，继续向南扩张至今鄱阳县城附近，始称鄱阳湖。唐宋时期，鄱阳湖南侵，并官亭湖和担石湖（今抚河下游）。明清以来，水面继续拓展，使入湖水系下游河谷溺水形成湖汊，如著名的军山湖和青岚湖等。南北朝以来，鄱阳湖水面扩张，使原各县沃土良田沦为湖区。入湖三角洲的发育和逐渐开发，使湖区成为富庶之地，人口增加，经济日益繁荣昌盛。因此，《读史方舆纪要》有"渔舟唱晚，响穷彭蠡之滨"的赞誉佳句。宋、明、清以来，随着三角洲沉积的不断发展，水系不断变迁、调整，至辛亥革命后才逐渐形成如今的格局（唐国华，2017；Li and Zhang，2018）。

1.1.2 湖盆地形

鄱阳湖形状类似于一个葫芦形平面，以松门山为界线，分为南、北两部分。南部宽阔，为主湖面，北部较为狭窄，为入长江的水道区（李相虎等，2012；刘福红等，2021）。总体上，湖区地貌主要由水道、洲滩、岛屿（约 40 个）、内湖及一些汊港（约 20 处）组成。就整个湖盆来说，高程主要位于 12.5～16 m，占全湖面积的 2/3 左右。以松门山为界，湖区地形整体上南高北低，且松门山以南湖床平坦，地势较高，南北高差约为 6 m。在泥沙冲淤作用和人类干预影响下，鄱阳湖入湖口形成典型的三角洲扇形结构，如赣江三角洲及其内部人为改造等形成大小不一、形状各异的碟形湖。鄱阳湖分布着 100 多个碟形湖，最大水深一般不超过 2 m，总面积约 800 km²，在防洪、蓄水和生物多样性保护方面发挥着重要作用。洪水期，这些碟形湖与主湖区融为一体，地表水文完全连通，形成大湖；低枯水位期，这些碟形湖与主湖区脱离地表水力联系，相对孤立，由此形成了"湖中湖"的独特景观（徐力刚等，2019）。鄱阳湖南北长约 173 km，最宽处 74 km，平均宽度为 16.9 km，进入长江水道最窄处的屏峰卡口仅为 3 km 左右，湖岸线总长约 1200 km，相应星子站水位 20.63 m，鄱阳湖通江水体面积达 3656 km²，容积达 312 亿 m³，是长江中下游重要的水资源补给地（图 1.1）。

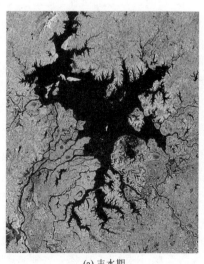
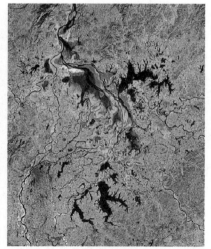

(a) 丰水期   (b) 枯水期

图 1.1 鄱阳湖丰水期与枯水期水域及滩地范围对比

1.1.3 水文水环境

鄱阳湖流域水资源丰富，河渠纵横、水网稠密，天然水系发育旺盛、水量丰沛，全流域有各类大小河流 3373 条，总长约 18 400 km，主要河流赣江、抚河、信江、饶河、修水分别从南、东、西三面汇流鄱阳湖，最后注入长江（Zhang et al，2012a；Lai et al.，2014a；Qiang et al.，2015；Chen et al.，2016；赖锡军等，2014a），各个支流的具体情况见表 1.1。

表 1.1　鄱阳湖流域主要支流概况

支流名称	赣江	抚河	信江	饶河	修水	总计
发源地	石城	广昌、石城、宁都交界	玉山	婺源	修水	
流域面积/km²	82 809	16 493	17 599	15 300	14 797	146 998
主干道长度/km	823	348	359	299	419	2248
占流域总面积百分比/%	50	10	10	7.9	8.9	86.8
支流中 10 km² 以上河流/条	2073	382	320	293	305	3373

鄱阳湖平均每年从湖口入长江的水量约为 1427 亿 m^3，大于黄河、淮河、海河三河入海径流量的总和，入江水量占长江平均年径流量的 15.5%。其中赣江流域地表水资源量为 702.89 亿 m^3，占全流域地表水资源量的 48.2%，占全省的 45.5%；地下水资源量为 188.43 亿 m^3，占全流域地下水资源量的 52.3%，占全省的 49.6%。抚河流域水资源丰富，地表水资源量为 161.7 亿 m^3，占鄱阳湖流域地表水资源量的 11.1%，单位面积产水量仅次于信江，居第 2 位，地下水资源量为 40.16 亿 m^3，抚河多年平均入湖径流量为 161.99 亿 m^3。信江流域东部是一个降水高值区，水资源丰富，在五大河流中单位面积产水量最高。地表水资源量为 173.78 亿 m^3，地下水资源量 37.27 亿 m^3，信江多年平均入湖径流量为 185.26 亿 m^3。饶河流域地表水资源量为 130.35 亿 m^3，地下水资源量为 27.28 亿 m^3，饶河多年平均入湖径流量 140.42 亿 m^3。修水流域地表水资源量 135.16 亿 m^3，地下水资源量 33.44 亿 m^3，修水多年平均入湖径流量为 127.00 亿 m^3。

图 1.2 为鄱阳湖主要水质参数年际变化特征。在 2009~2019 年，大多数水质参数如叶绿素 a（Chl a）、总氮（TN）和硝酸盐氮（NO_3^--N）呈现显著的增加趋势，多数在 2017 年和 2018 年达到最大值，其增加速率分别为 0.704 mg/（L·a）、0.0623 mg/（L·a）和 0.0422 mg/（L·a）。而其余水质参数如透明度（SD）、总磷（TP）、化学需氧量（COD）和氨氮（NH_4^+-N）则在 2009~2019 年持续波动上升，但上升的趋势并不显著。

通过综合营养状态指数（TLI）来评估鄱阳湖的富营养化程度，可以发现 2009~2019 年鄱阳湖的 TLI 呈现显著的上升趋势，上升幅度为 $0.764a^{-1}$。2018 年鄱阳湖的年均 TLI 值最大，为 53.58，为轻度富营养状况（杜冰雪等，2019）。总体上来看，鄱阳湖的水体富营养化程度虽然在不断增加，但是仍未出现重度富营养化的现象。

从图 1.2 可以发现，在分析的 7 个水质参数中，大部分年内的变化都比较明显。大部分指标（TN、TP、COD、NO_3^--N 、NH_4^+-N ）在年内都呈现春夏季较低、秋冬季较高的变化

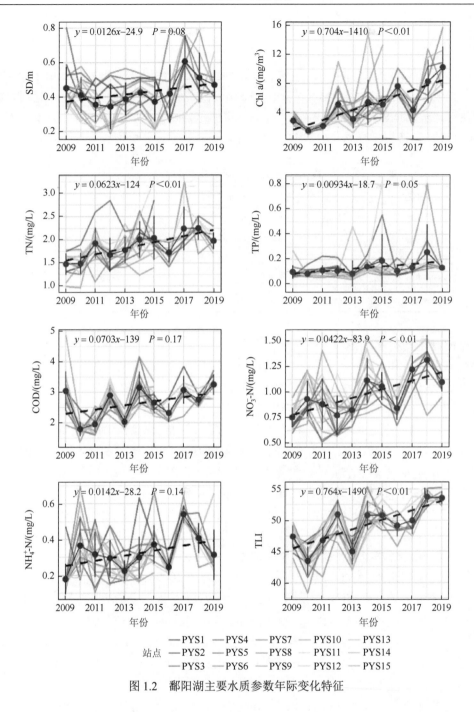

图 1.2　鄱阳湖主要水质参数年际变化特征

特征，并且最低值出现在夏季（7月），最高值出现在冬季（1月）。但是其余指标如 SD 和 Chl a 则呈现不同的年内变化特征，其主要特征是随着时间变化先上升后下降，在夏季为最高值。值得注意的是，有部分指标虽然有较明显的年内变化特征，但是其差异并不明显，具体来说：SD 的年内变化范围为 0.17~0.83 m，年内变异系数为 31.36%；Chl a 的年内变化范围为 1.68~10.03 mg/m³，年内变异系数为 51.41%；TN 的年内变化范围为 1.09~2.77 mg/L，年内变异系数为 22.51%；TP 的年内变化范围为 0.04～0.50 mg/L，年内变异系数为 60.84%；COD 的年内变化范围为 1.86～4.27 mg/L，年内变异系数为 15.18%；NO_3^--N 的年内变化范围为 0.55～1.43 mg/L，年内变异系数为 22.52%；NH_4^+-N 的年内变化范围为 0.11～0.71 mg/L，年内变异系数为 47.33%。从图 1.3 中还可以发现鄱阳湖水质参数年内的空间分布特征。从总体上来说，南部湖区的水质参数的浓度要高于北部湖区，但总体差别不大。

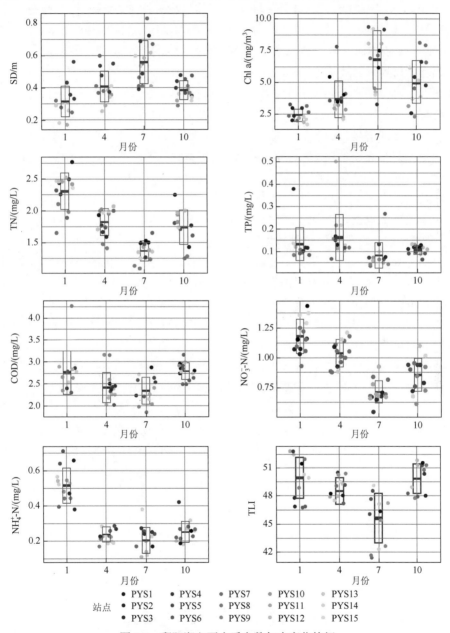

图 1.3　鄱阳湖主要水质参数年内变化特征

图中的方框中粗横线为各个季节内全湖水质参数的均值，方框上边界为水质参数均值加上 1 倍标准差，而方框的下边界为水质参数的均值减去 1 倍标准差

1.1.4　湖泊生态

鄱阳湖是具有全球保护意义和极高生物多样性的洪泛湖泊湿地，其独特景观和环境异质性，为许多物种提供了完成其生命循环所需的全部因子或复杂生命过程的一部分，形成了丰富的植物多样性和动物多样性（胡振鹏等，2015；潘艺雯等，2019）。鄱阳湖独特的水情动态和环境条件，繁衍了极其丰富的生物多样性，蕴藏着珍贵的物种基因，是我国陆地淡水生态系统中的重要物种基因库。鄱阳湖湿地高等植物约 600 种，其中湿地植物 193 种，占本区高等植物总数的 32%；浮游植物约有 154 属，分隶属于 8 门 54 科。浮游动物有 407 种，其中原生动物 229 种、轮虫类 91 种、枝角类 57 种、桡足类 30 种；此外鄱阳湖区有鱼类 112 种，水生生物中兽类有江豚，爬行动物中游蛇科约 30 种，两栖动物中约有 30 种。

鄱阳湖区洲滩湿地植物丰富，植被保存较完好，类型多样，群落结构完整，季相变化丰富，是亚热带难得的巨型湖滨洲滩湿地景观。鄱阳湖洲滩湿地植物区系具有明显的南北植物会合的过渡性质（图 1.4）。其中植物物种科的成分以热带、亚热带、温带分布占优势，其次是世界分布科；在属的分布区类型中温带成分略高于热带成分。洲滩湿地植被中的主要植物群落建群种多为世界广布种。湖区洲滩湿地植被五大类群（群系）以及 60 余个群丛的建群种和优势种皆为草本植物，其伴生种亦是以草本植物为主（Eamus et al.，2015；Zhang et al.，2019）。受鄱阳湖水位涨落和温度变化的影响，洲滩湿地植物群落组成具有多变性。一些短生湿地植物在群落中交替出现，加上各种植物的物候变化，使湿地植物群落呈现出明显的季相变化。由于高程的不同，鄱阳湖洲滩湿地可分为湖滨高滩湿地、湖滨低滩湿地与泥沙滩湿地。其中湖滨高滩湿地高程 16～18 m，多为高漫滩地，将大湖与各子湖相分离，出露时间长，土壤为草甸土和沼泽土，是杂类草草甸和挺水植物（芦苇-荻群落）的主要分布地段。湖滨低滩湿地高程 13～16 m，其中都昌外侧低滩湿地高程仅 12～13 m。这一类型洲滩湿地地势平缓，面积广袤，出露时间相对湖滨高滩湿地短，土壤为草甸沼泽土，为以薹草为主的湿地植物群落主要分布区。泥沙滩湿地高程 12～14 m，受水位涨落的影响，出露时间短，土壤为沼泽土，植被稀疏，在河流三角洲前沿可见小面积的泥沙质裸地（表 1.2）。除此之外，还包括浅水区和深水区。

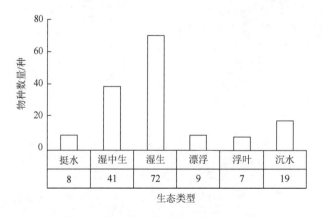

图 1.4　鄱阳湖湿地植物水分生态类型

表 1.2　鄱阳湖湿地生境类型

湿地生境类型	主要特征
湖滨高滩湿地	高程 16～18 m，为高漫滩地，将大湖与各子湖相分离，出露时间早，出露时间长，土壤为草甸土和沼泽土，是杂类草草甸和挺水植物（芦苇-荻群落）的主要分布地段
湖滨低滩湿地	高程 13～16 m，在北部的都昌等地，低滩湿地高程仅 12～13 m。地势平缓，而面积大，出露时间相对高滩湿地短，土壤为草甸沼泽土，为以薹草为主的湿地植物群落主要分布区
泥沙滩湿地	高程 12～14 m，受水位涨落的影响，出露时间短，土壤为沼泽土，植被稀疏，在河流三角洲前沿可见小面积的泥沙质裸地
浅水区	高程 12～13 m，枯水季节水深<50 cm，一般位于各子湖水陆过渡区的边缘，地表较平缓，光照和氧气较充足，浮游生物、底栖动物、鱼类资源丰富，为浮（叶）水植物和沉水植物的主要分布区
深水区	高程<12 m，枯水季节水深>50 cm，主要分布在河道和一些深水湖泊及大湖的某些水域，河道水流速较大，泥沙含量较大，加上光照和氧气条件不充足，导致水生植物群落不发育，仅有沉水植物的分布

鄱阳湖是具有全球保护意义的众多水禽的越冬栖息地，素有"白鹤王国""候鸟天堂"的美誉。目前鄱阳湖有鸟类 310 种，其中国家一级保护鸟类 10 种，二级保护鸟类 44 种，包括世界自然保护联盟（IUCN）极危鸟类 1 种，濒危鸟类 4 种，易危鸟类 14 种。在鄱阳湖越冬的白鹤、东方白鹳、白枕鹤、白头鹤和鸿雁五种珍稀鸟类占全球种群数量的比例非常高，其中鄱阳湖发现的白鹤和东方白鹳种群数量超过全球总数量的 90%，此外，白枕鹤也占全球种群数量的 60%，白头鹤占迁徙路线种群数量的 55%，鸿雁占迁徙路线种群数量的比例更是高达 96%。为此，鄱阳湖湿地自然保护区于 1992 年被列入了国际重要湿地名录，是我国承诺的国际履约湖泊湿地。其还先后加入了东北亚鹤类、东亚-澳大利亚鸻鹬鸟类等保护网络，已成为世界自然基金会、国际鹤类基金会与世界自然保护联盟的重点优先保护地区（游海林等，2021）。

此外，鄱阳湖也是江豚的重要栖息地。长江江豚是世界上所有近 80 种鲸豚类动物中唯一的淡水亚种，是长江生态系统中极其重要的旗舰物种，为我国所特有。2005～2007 年赵修江（2009）的考察结果表明鄱阳湖中江豚数量占整个种群数量的 1/4～1/3，鄱阳湖是整个江豚分布区中密度最高的水域。

1.1.5　水域生态

鄱阳湖水域生物资源丰富，各种水生、湿生动植物门类众多。丰水期时，碟形湖融入主湖体，呈现大湖特征，枯水期时，碟形湖则为独立水域，与鄱阳湖主湖区不连通，秋冬季少雨，碟形湖水位相对稳定，保持浅水特征，这种独特的湖中湖景观为湖泊与湿地生态系统发育提供了优越的环境条件，特别适宜浮游生物、水生植物、底栖生物和鱼类、越冬候鸟栖息（Kalbus et al.，2006；范伟等，2012；Wu et al.，2020）。

2012～2015 年，鄱阳湖发现浮游植物 132 种，绿藻、硅藻和蓝藻是最主要的门类。多年来水体中浮游植物结构比较稳定，空间分布上，鄱阳湖三个湖区浮游植物的生物量排序为中部主湖区>南部上游区>入江水道区。每个湖区的优势种略有不同，主湖区的优势种是隐藻，南部上游区和北部通江区的优势种是硅藻，主要分布在都昌、周溪及鄱阳等东部湖湾；蓝藻主要分布在相对静水水域，如周溪内湾及包括青岚湖在内的南部康山尾闾区；隐藻主要出现在鄱阳湖最南部湖汊及军山湖。与以上三种藻明显不同，绿藻主要分布在鄱阳湖主湖区，每年 5～10 月生物量较大。2012 年以来蓝藻生物量显著增加，水流流速缓慢，氮、磷等营养盐浓度较大区域，蓝藻生物量与密度也较大。

鄱阳湖的浮游动物包括原生动物、轮虫动物、枝角类、桡足类等，以枝角类和桡足类为主，个体数量空间分布的差异极大，并具有明显的季节变动，尤属轮虫的变动最大，近年来鄱阳湖观察到各类浮游动物共约 150 种，其中轮虫动物物种最为丰富，为 96 种，占总种数的 64%，其次为原生动物。1997～2016 年鄱阳湖浮游动物呈现明显下降趋势，枯水期枝角类略有增长。

鄱阳湖水生植被发育，尤其是沉水植被和浮叶植被类型多样，在湖泊生态系统中具有极其重要的生态效益（谢冬明等，2011；Dai et al.，2016）。春夏季节，碟形湖是水生植被的主要分布地，全湖 54% 的沉水植被分布在碟形湖中。碟形湖水位的相对稳定使得其水深和水体透明度更适合水生植被发育（Wiraguna et al.，2020；Du et al.，2021；Mechergui et al.，2021；Zhang et al.，2017），形成了大面积以荇菜、轮叶黑藻、苦草和菰白等为主的水生植被。第一次鄱阳湖科学考察（1983 年）发现，主湖区水生植被单位面积生物量为 1921 g/m²，碟形湖区为 2902 g/m²；第二次鄱阳湖科学考察（2013～2015 年）发现，主湖区水生植被单位面积生物量为 1328 g/m²，碟形湖区为 1844 g/m²（胡振鹏等，2015）。

历史记录到鄱阳湖底栖动物共有 117 种。第二次鄱阳湖科学考察发现，底栖动物有 83 种，其中环节动物门占底栖动物总种数的 25.3%，软体动物门占 44.6%，节肢动物门占 30.1%。蚌类是鄱阳湖重要的底栖动物。近 30 年间，鄱阳湖大型底栖动物的栖息密度和生物量逐渐减少。湿地水文过程的改变会影响植物光合、呼吸及细胞内物质合成等生理过程（Chen et al.，2021；Qiu et al.，2021），由于枯水期与主湖区脱离联系，水位相对稳定，浮游生物众多，水草丰茂，碟形湖中底栖动物的种类、密度和生物量均高于其他区域。第二次鄱阳湖科学考察发现，主湖区大型底栖动物空间分布情况与历史情况相比有一定差异，采砂、行船、水产捕捞等人类活动干扰强度对大型底栖动物影响甚大，通江水道与主湖区底栖动物种类和密度大减，碟形湖（以南矶山自然保护区为代表）人类活动干扰少，无论是大型底栖动物的密度，还是单位面积生物量，都明显大于主湖区。

鄱阳湖共记录有鱼类 131 种，第二次鄱阳湖科学考察监测到 89 种，其中鲤科鱼类最多，占鱼类种类数的 53.9%；主要优势种为鲤、鲫、鲶、黄颡鱼、鳜、鲢等；记录到虾类 7 种、蟹类 2 种。约有 450 头长江江豚在鄱阳湖觅食栖息，占江豚总数的 40%～50%。渔获物年龄低幼化，个体小型化，品质低劣化。丰水期时，碟形湖与主湖区融于一体时，丰富的浮游生物、水草、底栖动物为鱼类提供了充足的食物资源，淹没在水中的湿地植物为产黏性卵的鱼类提供了优良的产卵场所。江西鄱阳湖国家级自然保护区管理局通过日常监测发现，除了鲟科鱼类外，其他鱼类均在碟形湖中出现过，1996～1997 年在保护区碟形湖中采集到 60 多种不同种类的鱼类标本。

鄱阳湖特殊的湖泊特征为越冬水鸟提供了适宜的生境，是东亚地区候鸟的主要越冬地。碟形湖植被茂盛，水生生物众多，湖床平坦，洲滩开阔，水深梯度适宜，便于各类水鸟觅食、栖息（王晓龙等，2018）。根据 1998～2015 年鄱阳湖越冬水鸟同步调查，平均每年有 38.42 万只候鸟在鄱阳湖及其周边地区越冬，包括白鹤、白枕鹤、东方白鹳等珍稀水禽，其中白鹤占全球总数的 95%以上。

1.1.6　鄱阳湖区位与重要性

1. 鄱阳湖生态系统研究的重要性

1）富营养化初期的大型浅水湖泊水环境与水生态过程研究

长江中下游拥有世界上最具代表性的大型浅水湖泊群，其中，大于 10 km^2 的湖泊有 86 个。中国著名的五大淡水湖中有四个（鄱阳湖、洞庭湖、太湖和巢湖）位于该区域。这些湖泊一般分布于长江两岸，多与洼地蓄水及长江水系的演变有关，历史上均与长江自然相通，与长江水力关系密切。近代水利设施兴建，大多数湖泊与长江失去了直接联系，使得水力停留时间大大加长，湖泊换水周期缓慢，水环境容量也因此急剧缩小，湖泊水质逐步恶化（郭华等，2006；金斌松等，2012；Lei et al.，2021）。

鄱阳湖是目前长江中下游地区营养水平最低的大型浅水湖泊（富营养指数 TSI = 58.0），但由于流域社会经济的快速发展以及近年来鄱阳湖经济区的建立，鄱阳湖正处于从中营养向富营养水平过渡的关键时期。20 世纪 80 年代，鄱阳湖水质以Ⅰ、Ⅱ类为主，至 90 年代，Ⅰ、Ⅱ类水体占比平均下降到 70%；2003 年调查数据则显示Ⅰ、Ⅱ类水体平均占比下降至 50%，2008 年全国湖泊调查及鄱阳湖站建站后鄱阳湖水环境长期定位监测数据显示，鄱阳湖Ⅰ、Ⅱ类水体已不足 30%。影响水质类别的主要超标污染物——TN、TP 的全年平均水平已进入Ⅳ水标准，且仍呈现逐年上升趋势，水质逐步恶化，水体富营养化已进入临界水平。此外近年来在鄱阳湖都昌和星子水域频现局部蓝藻水华，预示着鄱阳湖已逐步趋向藻华生长增殖的生态转变。对处于富营养化初期的鄱阳湖水环境和水生态进行长期定位监测和研究，将有助于提升我国对富营养化初步转型期的大型浅水湖泊水环境和水生态科学认识，为湖泊水环境治理和管理提供科学依据。

2）亚热带湿润区淡水湖泊湿地生态与水文过程研究

鄱阳湖周期性的湖水快速更换、季节性水位变幅以及与大江大河密切的水力联系，形成了多类型湿地生态系统及与季节性大尺度波动的水位高度关联的湿地结构。国际上对于如此典型、独特的人地交互的动态湖泊湿地系统变化的本底原位研究甚少，鄱阳湖是极为珍贵的天然湖泊湿地实验室。与内陆淡水沼泽湿地（以扎龙国家级自然保护区、向海国家级自然保护区为代表）以芦苇等为优势种、水位变幅相对较小、不超过 1.5 m 等特征相区别，鄱阳湖湖泊湿地属于内陆淡水湖泊湿地，水情变化剧烈，绝对水位变幅在 15.0 m 以上，是我国水位变幅最大的两个湖泊湿地之一（鄱阳湖和洞庭湖湿地），其阶梯状的湿地植被发育完善。近年来洞庭湖由于人类大规模洲滩湿地的杨树栽植、围垦活动，洲滩湿地植被群落自然演替过程的连续性遭受严重破坏，呈现出支离破碎的景观面貌特征，其典型性和代表性已大打折扣。因此，鄱阳湖结构相对完整的湖泊湿地的长期和系统研究显得非常重要和紧迫。

3）大型通江湖泊江湖河耦合系统水文水动力学研究

大型通江湖泊造成的复杂的江湖河耦合系统是一个极富特色和极具科学价值的研究区域。鄱阳湖作为通江湖泊，是长江中下游仅有的与长江自然相通的两个大型湖泊之一。鄱阳湖与长江之间的水量交换及物质输移有着十分密切的关系。江湖关系的变化深刻影响着鄱阳湖的水文和水动力特征。与此叠加的，子流域"五河"（赣江、抚河、信江、饶河、修水）来水对鄱阳湖的水文水动力作用使其更加复杂。气候变化叠加强烈人类活动的影响，使河湖系统的演变机制尤为复杂，表现在各要素影响分量难以区分，演变动力学机制难以精确刻画，不确定性大，未来变化趋势难以预测等。随着鄱阳湖水情处于不断的发展和演变，其水文规律将可能出现质的变化。如何理解全球气候变化的自然驱动因素及人类活动，特别是大型水利工程的人为影响对鄱阳湖水文和水动力条件的协同效应，区分自然和人类活动对鄱阳湖江湖河一体化耦合水文系统演变规律的影响效应，是亟待开展的重要科学研究内容。

2. 维持鄱阳湖生态系统平衡的重要性

（1）鄱阳湖因独特的水情动态和特殊的环境条件，发育了独特的多类型湖泊湿地系统，繁衍了极其丰富的生物多样性，蕴藏着珍贵的物种基因，是我国陆地淡水生态系统中的重要物种基因库。同时，鄱阳湖不仅是我国重要的淡水湖泊湿地，具有相对完整的湿地景观系统和生态结构，而且在世界湖泊生态系统中具有典型性和独特性，是一个具有全球意义的生态瑰宝。维持鄱阳湖生态系统平衡对区域生态系统稳定及国际关键生物物种生境与生物多样性保护均具有重要意义。

（2）鄱阳湖是生态保护地位突出的国际重要湖泊湿地，是国际迁徙性珍稀候鸟迁飞的重要驿站或越冬栖息地。鄱阳湖生态系统保护与研究具有重要科学意义与应用价值。

此外，鄱阳湖也是全球独具特色的复杂大型江河湖水系统。长江是世界上第三大河，年入海径流量 9600 亿 m^3。鄱阳湖作为一个典型的洪泛平原上浅水湖泊湿地，流域面积 16.4 万 km^2，年径流量约 1500 亿 m^3，占整个长江径流量的 15%。鄱阳湖与长江相互作用、互为制约，当长江涨水时，可形成顶托之势，甚至倒灌入湖，年倒灌量随水情而异。鄱阳湖与长江这种强烈相互作用的江湖格局是在世界上其他主要大湖或大河流域（如北美五大湖流域、亚马孙河流域、尼罗河流域和密西西比河流域等）所没有的。鄱阳湖这一江-湖-河强相互作用下复杂大型水系统在全球具有鲜明的特色（范宏翔等，2021）。

目前长江流域开发和鄱阳湖区域社会经济发展还处于快速发展时期。鄱阳湖也是经历逐渐增强的人类活动干扰的大型浅水湖泊代表。我国已建成运行的世界上最大的水利水电工程——长江三峡工程是其中的重要代表。其调节库容为 221.5 亿 m^3，对长江中下游水沙具有很强的调节能力。鄱阳湖作为正在经历剧烈变化的浅水湖泊的典型代表，也具备在世界其他大河和大湖流域开展湖泊与湿地科学研究中所不可能具备的条件。

（3）鄱阳湖对维持区域生态系统平衡具有重要作用，在长江中下游洪水调蓄、洪旱危害缓解方面具有重要作用。鄱阳湖是长江中游最大的天然水流量调节器，其容积巨大的蓄水功能对调蓄"五河"洪水和长江洪水、减轻洪水危害具有重要作用；已有研究表明，鄱阳湖对"五河"洪水具有明显的调蓄作用：1953～1993 年、1995～1998 年的 45 年间，鄱阳湖历年合成最大日平均流量为 12 000～65 900 m^3/s，多年平均为 30 400 m^3/s；湖口相应出流最大日平均流量为 5510～31 900 m^3/s，多年平均为 15 700 m^3/s。鄱阳湖历年削减最大日平均流量 2690～37 300 m^3/s，多年平均削减 14 700 m^3/s，削减百分比为 48.3%。从历年的水文统计资料中，选择 17 个大水年进行分析，得出结论：在大水年，鄱阳湖削减"五河"洪峰值为 7850～37 300 m^3/s，平均削减洪峰流量为 20 000 m^3/s，其百分比为 50.9%。又采用 13 个大水年的水文资料，分析鄱阳湖对"五河"最大一次洪水过程的调蓄作用，这 13 年次洪水总量为 143.9 亿～1067.6 亿 m^3，平均为 449.7 亿 m^3，相应湖口出水量为 64.5 亿～864.3 亿 m^3，平均为 306.6 亿 m^3。则调蓄的水量为 27.0 亿～247.5 亿 m^3，平均为 143.1 亿 m^3，平均调蓄洪水量的百分比为 31.8%。长期以来，鄱阳湖作为长江水量的"调节器"，年均入江水量达 1427 亿 m^3，约占长江径流量的 15.5%，在长江中下游地区调蓄洪峰、控制洪水及减轻洪水危害等方面发挥着极为重要的作用。

（4）鄱阳湖具有维系区域生态平衡和多样性生态系统服务功能。鄱阳湖独特的水情动态和特殊的环境条件，拥有极其丰富的生物多样性，是我国陆地淡水生态系统中最重要的物种基因库，也是一个具有全球意义的生态瑰宝。鄱阳湖湿地效益类型丰富多样，除直接的产业用途如储水、供水，生产湿地植物产品，生产湿地动物产品，能源生产，水运，休闲/旅游，作为研究与教育用地等以外，还具有巨大的生态功能，主要有涵养水源、调蓄洪水、调节气候、降解污染、控制侵蚀、保护土壤、参与营养循环、作为生物栖息地等。已有研究表明，在鄱阳湖湿地生态系统服务价值中，涵养水源、调蓄洪水的价值最大，为 137.55 亿元/a，其次为减少土壤肥力流失价值，为 37.92 亿元/a，净化污染物价值，为 24.80 亿元/a，文化科研功能、生物栖息地、CO_2 固定和 O_2 释放、有机物质生产价值分别为 18.01 亿元/a、11.81 亿元/a、7.05 亿元/a 和 2.48 亿元/a，鄱阳湖湿地的服务总价值达 239.62 亿元/a，而鄱阳湖湿地的有机物质生产价值仅占全部功能价值的 1.03%。

维持鄱阳湖生态系统稳定也是支撑地方社会经济可持续发展的重要保障。鄱阳湖生态经济区建设已成为支持地方经济发展的国家战略之一。经济区以鄱阳湖为核心，行政区划上包括南昌、九江、上饶、鹰潭、抚州和景德镇 6 个设区市，38 个滨湖县（市、区），涉及人口 1000 多万，地区生产总值 6600 亿元。鄱阳湖生态经济区强调人与自然和谐相处，要求实现生态文明和经济文明相统一。为此，鄱阳湖生态保护与研究是实现鄱阳湖生态经济区发展的基础。

1.2　鄱阳湖流域概况

鄱阳湖湿地是我国最大的淡水湖泊湿地，地理位置为东经 115°49′～116°46′，北纬 28°24′～29°46′，是我国公布的第一批国家重点湿地保护区之一，于 1992 年我国加入《关于特别是作为水禽栖息地的国际重要湿地公约》（简称《湿地公约》）后就被列入《国际重要湿地名录》。鄱阳湖属亚热带湿润季风性气候。冬春常受西伯利亚冷气流影响，多寒潮，盛行偏北风，气温低；夏季冷暖气流交错，潮湿多雨，为"梅雨"季节；秋季为太平洋副热带高压控制，晴热干燥，盛行偏南风，偶有台风侵袭。单站年降水量最小值为653.0 mm（棠荫 1978 年），年降水量最大值为 3034.8 mm（庐山 1975 年）。年内分配极不均匀，4～6 月降水量约占全年的 48%，6 月最大，占全年 17%，12 月最小，只占 3%。1961～1989 年平均降水量呈现振荡状态，并无明显趋势，但是在 1990 年发生突变后，呈现明显上升趋势，1991～2003 年平均降水量比 1961～1990 年平均降水量高出 167.19 mm。年平均蒸发量为 1200 mm 左右，蒸发量在空间上分布是湖中大、湖周小；在时间上 7～9 月最大，占全年 45%，1 月最小，仅为 3%。湖区常受西伯利亚冷气流影响，年最多风向为偏北风，只在 7～8 月，受太平洋副热带高压控制时多偏南风。根据 1964～1985 年资料统计，年平均风速在 3.5 m/s 以上。日平均风速≥5 m/s 的天数达 99.4 d，按国家风能资源等级标准，鄱阳湖环湖区属风能资源丰富的地区。环湖区地势低平的特点，使环湖区成为大风集中区域。鄱阳湖主要有冷空气大风、锋面雷雨大风，以及环湖区风向不定、风速变化大和时间短促的"飑线"大风。星子县（现为庐山市）老爷庙一带多年平均大风日数为 30.5 d。棠荫站曾实测到 31.0 m/s 的最大风速。

鄱阳湖洲滩湿地是亚洲最重要的候鸟越冬地与迁徙中继站，同时也是众多野生动植物的物种宝库，被列为世界湿地和生物多样性保护的热点地区。湖区独特的水文环境与地形地貌特征孕育了丰富多样的湿地类群，在涵养水源、调蓄洪水、调节气候、净化环境和保持生物多样性方面发挥着巨大作用，为区域内社会、经济的和谐发展提供了坚强的生态安全保障。鄱阳湖湿地生态系统是全球典型的江湖淤塞淡水湿地类型，兼有水体和陆地的双重特征，集中体现了以湿地为主要特征的环境多样性、生物多样性和文化多样性的统一，对区域内资源可持续利用和揭示长江流域乃至全球气候变化等都十分重要。然而近年来，由于巨大的人口压力和经济持续高速发展，鄱阳湖洲滩湿地正面临面积萎缩、生态系统功能下降，以及生物多样性减少等诸多问题；区域内极端气候的频繁出现进一步增加了洲滩湿地生态过程和功能演变的不确定性，湿地功能退化导致的区域生态系统失衡对社会经济发展的制约日趋明显。鄱阳湖湖泊水位的异常变动给鄱阳湖洲滩湿地植被带来了一系列影响，使湿地植被出现退化性的演替过程。突出表现在高滩湿地植被退化、水陆过渡带植物生物多样性下降，以及新出露区域水生植被退化。目前国内外针对高水位变幅的通江湖泊洲滩湿地生态过程研究较少，对鄱阳湖的相关研究也多集中于水域生态及流域社会经济发展方面，对鄱阳湖洲滩湿地生态过程研究关注较少。因此，总结已有洲滩湿地相关科学研究成果，不但对维持湖区生态系统功能、降低区域生态灾害风险有着重要现实意义，也可为典型通江湖泊洪泛洲滩湿地的后续研究提供借鉴与参考。

1.2.1 地形地貌

鄱阳湖流域东、南、西三面群山环绕，峰峦重叠，山势挺拔，河流的分水岭清晰。地势总体为流域边缘环山、南高北低，南部地形起伏变化较大，北面开口，四周逐渐向鄱阳湖倾斜，形成了一个以鄱阳湖为底、向北开口的大型低洼盆地。总体可分为边缘山区、中南部丘陵区和北部鄱阳湖平原区。鄱阳湖区部分地势有规律地由湖盆向湖滨、冲积平原、阶地、岗地、低丘、高丘变化，逐步过渡到低山和中低山等地（Lai et al.，2014b）。

流域内地貌类型多样，以丘陵和山地为主，呈不规则环状结构分布。以占流域面积为主的江西省的统计数据计，山地（海拔 500~2000 m）面积占 36%，高丘（海拔 300~500 m）面积占 18%，低丘（海拔 100~300 m）面积占 24%，岗地平原（海拔低于 100 m）面积占 12%，水域面积占 10%。除常态地貌类型外，还有岩溶、丹霞和冰川等多种特殊的地貌类型。流域内的平原以鄱阳湖冲积平原面积最大，其次为散布于山地丘陵地区的河谷平原及盆地内的冲积平原（原立峰等，2013）。

从地形结构上来看，全流域整体上可以大致分为流域边缘山区、中南部丘陵区和北部鄱阳湖平原区。

流域边缘山区山地多分布于流域的东、南、西侧边缘。主要有蜿蜒于东北部的怀玉山脉、沿闽赣省界延伸的东部武夷山脉、南部粤赣边界的大庾岭和九连山，湘赣边界的罗霄山脉，以及西北部的幕阜山脉和九岭山。怀玉山脉的山体呈东北—西南走向，海拔1000 m 左右，是乐安河和信江中上游的分水岭。武夷山脉呈东北—西南走向，是一个巨大的褶皱山脉，海拔多在 1000~1500 m，是流域的分水岭。大庾岭和九连山属南岭山脉分支，山脉走向凌乱，山体破碎，海拔 1000 m 左右，是赣江和珠江流域的分水岭。罗霄山脉山体呈北东北—南西南走向，海拔多在 1000 m 以上，是赣江水系和洞庭湖流域的分水岭。幕阜山和九岭山的山体呈东北—西南走向，海拔多在 1000~1500 m。幕阜山居北，是湘鄂赣交界地带，九岭山居南，为流域内的山脉，是修水和锦江上游分水岭，也是修水干流和其支流潦水的分水岭。

中南部丘陵区位于流域边缘山地内侧和鄱阳湖平原区外侧的广大地区，地形复杂，低山、丘陵、岗地和盆地交错分布，海拔一般在 200~600 m。构成丘陵区的岩层多为红色岩系。流域内赣西北部、东北部、中南部和南部等中低山、丘陵之间，散布着无数盆地，面积大小不一。例如，贡水的瑞金、于都、兴国和信丰盆地；赣江干流的赣州和吉泰盆地；抚河上游的南丰盆地；信江中游的弋阳盆地。这些盆地高程一般在 50~200 m，地势低平，耕地成片，是江西省重要的粮食和经济作物产区。

北部鄱阳湖平原区集中分布在省内北部、"五河"水系下游尾闾和鄱阳湖滨湖地区。鄱阳湖平原是长江和鄱阳湖水系冲积形成的平原。平原区地势坦荡、江湖水系交织，河网密集，湖泊众多，面积约 4 万 km²。平原外侧边缘，低丘岗地广布，此起彼伏，海拔在 50~100 m，多以梯级方式开垦，辟为旱地和水田，以旱作物为主。内侧的滨江滨湖圩区，海拔多在 20 m 以下，地势低平，港汊纵横，草洲滩地连片，塘沼稻田相间，平原的北端为鄱阳湖（Zhu et al.，2019）。

1.2.2　气象水文

鄱阳湖地处亚热带湿润季风气候区，既具有典型的洪泛平原高营养本底湖泊的特点，又具有季节性水位变幅巨大、与江河关系密切等独特特征。气候温和，四季分明，雨量充沛，光照充足，无霜期较长（蔡路路等，2017；Cheng et al.，2019）。

鄱阳湖上接江西省境内赣江、抚河、信江、饶河与修水五大干流，下通长江，湖区水位受流域来水与长江的双重影响，水位季节性与年际间变幅巨大。鄱阳湖形状类似于一个葫芦形平面，以松门山为界线，分为东（南）、西（北）两部分。东（南）部分宽阔，为主湖面；西（北）部分较为狭窄，为入长江的水道区。鄱阳湖南北最大长度为 173 km，东西最宽处 74 km，平均宽度为 16.9 km，进入长江水道最窄处的屏峰卡口仅为 3 km 左右。由于鄱阳湖水位受"五河"与长江水位的双重影响，因此鄱阳湖水位时令性强，水情变化复杂而剧烈。每年 4～6 月为鄱阳湖流域"五河"主汛期，7～9 月为长江主汛期。仅"五河"出现大洪水时，鄱阳湖水位一般不高；长江主汛期出现洪水时，鄱阳湖水位受长江洪水顶托或倒灌影响而壅高，长期维持在高水位，因此湖区年最高水位多出现在 7～9 月。因此，鄱阳湖涨水面水位主要受"五河"水情的控制，而退水面则主要受长江水情的控制，形成洪水期"茫茫一片水连天"、枯水期"沉沉一线滩无边"的独特湿地生态景观（许秀丽等，2021；Li et al.，2021；Ye et al.，2014a）。

鄱阳湖流域天气复杂多变。冬季冷空气活动频繁；春季多对流性天气；4～6 月降水集中，是江西的雨季，这期间易发生洪涝灾害；雨季结束后全省主要受副热带高压控制，天气以晴热高温为主，常有干旱发生。7～8 月有时受台风影响，会出现较明显降水。秋季晴天多、湿度较小、气温适中，是江西省一年中最宜人的季节（Li et al.，2019；Zhu et al.，2019）。

流域年平均气温 18.0℃。年内 1 月最冷，平均气温为 6.1℃；7 月最热，平均气温为 28.8℃；极端最低气温为−18.9℃（1969 年 2 月 6 日出现在彭泽县），极端最高气温为 44.9℃（1953 年 8 月 15 日出现在修水县）；年平均日照时数 1637 h，年总辐射量 4446.4 MJ/m^2；年无霜期平均天数 272 d。

鄱阳湖流域赣江、抚河、信江、饶河、修水五大入湖河流，各支流水文特征介绍如下：

（1）赣江位于鄱阳湖西南部，是鄱阳湖流域最大水系，也是江西省第一大河流，干流全长 766 km，赣江下游控制站（外洲）以上流域面积 $8.09×10^4$ km^2，占鄱阳湖流域总面积的近 50%。1953～2012 年，赣江平均每年入湖水量约为 $6.802×10^{10}$ m^3，约占流域"五河"多年平均入湖总水量的 57.3%。

（2）抚河位于鄱阳湖南部，干流长 349 km，抚河下游控制站（李家渡）以上流域面积为 $1.58×10^4$ km^2，约占鄱阳湖流域总面积的 11%。1953～2012 年，抚河平均每年入湖水量约为 $1.273×10^{10}$ m^3，约占流域"五河"多年平均入湖总水量的 10.7%。

（3）信江位于鄱阳湖东南部，主河全长 312 km，信江下游控制站（梅港）以上流域面积为 $1.55×10^4$ km^2。1953～2012 年，信江平均每年入湖水量约为 $1.807×10^{10}$ m^3，约占流域"五河"多年平均入湖总水量的 15.2%。

（4）饶河位于鄱阳湖东北部，饶河左支为乐安河，全长 313 km，乐安河下游控制站（虎山）以上流域面积为 6374 km^2；饶河右支为昌江，全长 267 km，昌江下游控制站（渡峰坑）以上流域面积为 5013 km^2。1953～2012 年，饶河平均每年入湖水量约为 $1.179×10^{10}$ m^3，约占流域"五河"多年平均入湖总水量的 9.9%。

（5）修水位于鄱阳湖西北部，河长 389 km，修水下游控制站包括虬津和潦河万家埠，虬

津以上流域面积为 $9.9\times10^3\,\mathrm{km^2}$，万家埠以上流域面积为 $3.5\times10^3\,\mathrm{km^2}$。1953~2012 年，修水平均每年入湖水量约为 $1.0622\times10^8\,\mathrm{m^3}$，约占流域"五河"多年平均入湖总水量的 6.8%（Li et al.，2020）。

鄱阳湖多年月平均水位以 7 月最高，1 月最低，年内水位变幅大，季节性水位相差 10 m 左右；年际间水位变幅更大，最高水位与最低水位相差可达 16.7 m。这种高水位变幅不仅孕育了独特的淡水湖泊生态系统，而且还孕育了类型多样和面积巨大的洲滩湿地，在全球淡水湖泊中极为罕见。流域降水量以降雨为主，雪和其他形式降水的数量很少。年降水量一般为 1400~1900 mm，多年平均为 1675 mm。各季降水量不甚均匀：汛末秋冬季的 10 月至翌年 2 月降水量不多，约为全年降水量的 25%；3~6 月降水量猛增，约为全年的 55%，降水量多而集中，时常发生洪涝灾害；7~9 月有地方性雷阵雨，夏末秋初偶有台风暴雨，降水量约为全年的 20%；12 月或 1 月降水量最少，一般只有 40~60 mm，少雨年份个别地区甚至全月无雨。流域多年平均陆地蒸发量在 700~800 mm，多年平均水面蒸发量都在 800~1200 mm，大部分地区为 1000~1100 mm。全省多年平均水资源总量为 $1.422\times10^{11}\,\mathrm{m^3}$。由于区内降水时空分布不均，年际变化幅度大，年内分配也极不均匀，洪旱灾害频繁（姜加虎和利黄群，1997；Liu et al.，2013；Zhang et al.，2014；万荣荣等，2014）。

1.2.3　流域水系

鄱阳湖流域水系发达，河流众多，主要包括赣江、抚河、信江、饶河和修河五大河流。"五河"来水汇入鄱阳湖后经湖口注入长江（王然丰等，2017；Cheng et al.，2019）。

赣江是鄱阳湖流域最大的河流，由南至北纵贯江西全境，在赣州由章江、贡水汇合而成，故称为赣江。流域面积 $8.3\times10^4\,\mathrm{km^2}$。赣江发源于江西省石城县横江镇赣江源村石寮崬，干流自南向北流经江西省赣州、吉安、宜春、南昌、九江 5 市，至南昌市八一桥以下扬子洲头，尾闾分南、中、北、西四支汇入鄱阳湖。主河道长 823 km，主河道纵比降 0.273‰。按河谷地形和河道特征划分为上、中、下游三段。赣州市以上为上游，河流自东向西流。赣州市至新干县为中游，新干县以下为下游，中下游总体流向自南向北。赣江河网水系发达，控制流域面积 10 km² 以上河流 2073 条。主要一级支流有湘水、濂水、梅江、平江、桃江、章水、遂川江、蜀水、孤江、禾水、乌江、袁水、肖江、锦江等。

抚河位于江西省东部，是鄱阳湖水系五大河流之一。流域面积 1.6 万 km²。涉及江西省抚州市的广昌县、南丰县、临川区等 11 县（区），宜春市的丰城市，南昌市的南昌县、进贤县，赣州市的宁都县和福建省光泽县共计 16 个县（区、市）。东邻福建省闽江，南毗梅江，西靠清丰山溪、沂江、乌江，东北依信江，北入鄱阳湖。抚河发源于广昌、石城、宁都三县交界处的广昌县驿前镇灵华峰（血木岭）东侧里木庄，干流自南向北流，经广昌县、南丰县、南城县、金溪县、临川区、丰城市、南昌县、进贤县，在进贤县三阳集乡三阳村汇入鄱阳湖。主河道长 348 km，纵比降 0.111‰。流域面积 200 km² 以上一级支流 10 条，其中 500 km² 以上一级支流 4 条，分别为黎滩河、芦河、临水和东乡水。

信江位于江西省东北部。流域面积 $1.8\times10^4\,\mathrm{km^2}$。流域涉及福建、浙江、江西 3 省共

19 个县（区、市）。西邻鄱阳湖，北倚怀玉山脉与饶河毗邻，南倚武夷山脉与福建省闽江相邻，东毗浙江省富春江。发源于浙赣边界江西省玉山县三清乡平家源，干流流经上饶市信州区、铅山县、横峰县、弋阳县、余干县、玉山县，鹰潭市月湖区、贵溪市、余江区，在余干县潼口滩分为东、西两大河，东大河与饶河在龙口汇入鄱阳湖，西大河在瑞洪镇下风洲注入鄱阳湖。主河道长 359 km，流域面积 500 km² 以上支流 8 条（其中一级支流 7 条），较大一级支流有丰溪河、铅山河、白塔河。

饶河，古称鄱江，因流经古饶州府治而得名，乐安河为其纳昌江之前干流名称。位于江西省东北部，流域面积 1.5×10^4 km²。涉及安徽、浙江、江西 3 省共 17 个县（区、市）。西邻鄱阳湖，北倚五龙山脉和白际山脉与安徽省青弋江毗邻，南靠怀玉山脉与信江相邻，东毗浙江省富春江。发源于皖赣交界江西省婺源县段莘乡五龙山，干流流经婺源县、德兴市、乐平市、万年县、鄱阳县，在鄱阳县双港镇尧山注入鄱阳湖。主河道长 299 km。流域面积 500 km² 以上支流 9 条（其中一级支流 8 条），较大一级支流有昌江、建节水和安殷水。

修水位于江西省西北部，古称建昌江、于延水，又名修河、修江，得名于修远悠长之意。流域面积 1.5×10^4 km²，西高东低，东西长、南北窄。流域涉及江西省九江市修水、武宁、永修、瑞昌，宜春市铜鼓、奉新、靖安、宜丰、高安和南昌市安义、新建 3 市 11 县（区、市）。流域东临鄱阳湖；南隔九岭山主脉与锦江毗邻；西以黄龙山、大围山为分水岭，与湖北省陆水和湖南省汨罗江相依；北以幕阜山脉为界，与湖北省富水水系和长江干流相邻。发源于铜鼓县高桥乡叶家山，即九岭山脉大围山西北麓。干流流经铜鼓、修水、武宁、永修县，全长 419 km，河道平均坡降 0.46‰。修水水系绕山穿谷、河溪密布。抱子石水库（中型）以上为上游段，柘林水库［大（1）型］坝址以下为下游段。流域面积 500 km² 以上支流 5 条，分别为潦河、武宁水、渣津水、安溪水和巾口水。

除五大河流水系之外，还有一些较小的河流直接汇入鄱阳湖。河长大于 30 km 的河流有 14 条。其中流域面积大于 1000 km² 的河流有博阳河、漳田河、潼津河和清丰山溪。博阳河源出瑞昌市南部，主河长 105 km，流域面积 1354 km²，绝大部分在德安县境内。漳田河，又称西河，源出安徽省东至县内，于石门街进入江西省鄱阳县，流域面积 1970 km²。漳田渡以上主河长 108 km。潼津河为双干型河流，由潼津东河和潼津西河在鄱阳县田畈街以下合成，流域面积 1060 km²。东河，源出鄱阳县境东北角莲花山南麓，河长 55 km；西河，源出安徽省东至县边界的白马岭南荒，河长 68 km。清丰山溪为源于丰城平原的丰、秀、芗、槎、白土、槠山六条河流的总称，源出丰城、清江县境，流域面积 2300 km²，六水中以丰、秀、芗、槎四水为主，其中又以最大的丰水为主流。清丰山溪原属赣江水系，经过治理，改由抚河故道直接汇入鄱阳湖（Li and Zhang，2015；张奇等，2020；Ye et al.，2017）。

1.2.4 土壤植被

鄱阳湖流域地层较为古老，山体组成成分主要包括碳酸盐岩、变质岩、紫色页岩、花岗岩、红砂岩等。流域土壤资源丰富，主要有红壤、黄壤、山地黄棕壤、山地草甸土、紫色土、湖土、石灰土和水稻土 8 个主要类型。土壤的分布具有明显的地带性和地域性规律（Han et al.，2015；Zheng et al.，2020；Zhang et al.，2012b；叶春等，2013；冯文娟，2020；王若男等，2021）。

红壤是流域内分布范围最广、面积最大的地带性土壤，约占总面积的 56%。红壤是流域最重要的土壤资源，分布在海拔 20 m 以上的丘陵岗地及海拔 500～600 m 的高丘和低山。根据红壤的发育程度和主要性状，又可划分为红壤、红壤性土、黄红壤三个亚类（Chappell and Ternan，1992；Yetbarek and Ojha，2020；Wang et al.，2016a，2014）。

黄壤主要分布在海拔 700～1200 m 的山地，约占总面积的 10%。山地黄棕壤主要分布在海拔 1000～1400 m 及 1400 m 以上的山地。山地草甸土主要分布在海拔 1400～1700 m 高山的顶部，面积小。紫色土主要分布在赣州、抚州和上饶地区的丘陵地区，其他丘陵区也有小面积的零星分布，并常和丘陵红壤交错分布组成复区，约占总面积的 3%。潮土主要分布在鄱阳湖沿岸和五水系的河谷平原。石灰土分布面积不大，零星分布于石灰岩山地丘陵区。水稻土广泛分布于全省山地丘陵谷地和河湖平原阶地（Western and Blöschl，1999；Famiglietti et al.，1999；Teuling and Troch，2005；Teuling et al.，2007；Zhou et al.，2007；Ivanov et al.，2015）。

鄱阳湖区洲滩湿地植物丰富，植被保存较好，类型多样，群落结构完整，季相变化丰富，是亚热带难得的巨型湖滨洲滩湿地景观（图 1.5）。鄱阳湖洲滩湿地植物区系具有明显的南北植物会合的过渡性质。其中植物物种科的成分以热带、亚热带、温带分布占优势，其次是世界分布科；在属的分布区类型中温带成分略高于热带成分。洲滩湿地植被中的主要植物群落建群种多为世界广布种。例如，薹草群落中薹草（*Carex* spp.）、芦苇（*Phragmites australis*）、蓼（*Polygonum* spp.）以及龙师草（*Eleocharis tetraquetra*）等。

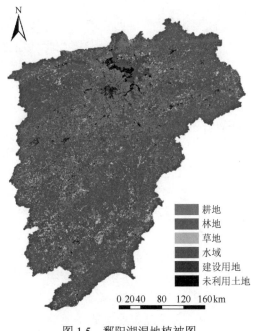

| | 耕地 |
| 林地 |
| 草地 |
| 水域 |
| 建设用地 |
| 未利用土地 |

0 20 40　80　120　160km

图 1.5　鄱阳湖湿地植被图

扫一扫　看彩图

鄱阳湖流域地处中国东部湿润森林区、中亚热带常绿阔叶林地带,是亚洲东南部热带、亚热带植物区系的起源中心之一。植被类型多样,种类复杂。主要包括针叶林、阔叶林、竹林及针阔叶混交林,代表性的植被类型为亚热带常绿阔叶林。常绿林一般出现在降水丰富、气温较高的地区,夏绿林一般出现在降水季节变化明显、气候温和的地区。从地区分布上来看,植被分布支流优于干流,且自河流上游向下游递减,主要林地分布在各河上游地区。低山丘陵山顶、山坡上植被较密集,森林和次生森林主要组成成分为马尾松林、台湾松林、杉木林、竹林等。而在河岸和城镇附近,特别是岩石风化较强的地区植被较差。这些地区植被大部分受到破坏,冲刷较大,许多地区山顶光秃秃,水土流失比较严重,如赣江中上游地区会昌、兴国等地区。在湖积阶地、冲积平原、山间盆地等地区则主要分布果木及人工农地。从植物群落的类型看,乔木主要有台湾松林、马尾松林、竹林、杉木林等;灌木草丛主要为乔本科的中、高草,其次为蕨类植物;水生植物主要有水草、莲等。

湖区洲滩湿地植被五大类群(群系)以及 60 余个群丛的建群种和优势种皆为草本植物,其伴生种亦是以草本植物为主。其中又以莎草植物群系(草洲)面积最大,类型最多,草丛低矮,平均高度 40 cm 左右,群落外貌整齐,盖度大,植丛茂密。大多数群落地上部分分层现象不明显。湖滩上面积较大的薹草群落、蒿草群落、针蔺群落、芦苇-南荻群落、蒌蒿群落及丛枝蓼群落;受鄱阳湖水位涨落和温度变化的影响,洲滩湿地植物群落组成具有多变性。一些短生湿地植物在群落中交替出现,加上各种植物的物候变化,使湿地植物群落呈现出明显的季相变化(Fan et al., 2017)。

1.2.5 社会经济

占鄱阳湖流域面积 97%的区域均位于江西省境内,江西省行政边界与鄱阳湖流域边界高度重合。因此,本章以江西省为例,简单介绍鄱阳湖流域的社会经济特征。

江西省简称"赣",因公元 733 年唐玄宗设江南西道而得名,又因江西最大的河流"赣江"而得简称。全省面积 16.69 万 km²,辖 11 个设区市、100 个县(区、市)。全省共有 55 个民族,其中,汉族人口占 99%以上。少数民族中人口较多的有畲族、苗族、回族、壮族、满族等(数据来自江西省人民政府网站)。

江西省地处中国东南偏中部长江中下游南岸,东临浙江、福建,南连广东,西靠湖南,北毗湖北、安徽而接长江,为长江三角洲、珠江三角洲和闽南地区的腹地。境内京九线、浙赣线纵横贯穿全境,航空和水运便捷。江西省水资源、物种资源丰富,现有世界遗产地 5 处、国际重要湿地 1 处、国家级森林公园 46 个、国家级湿地公园 28 处。江西矿产资源丰富,在全国居前 10 位的有 81 种,是亚洲超大型的铜工业基地之一。江西物产丰富、品种多样,景德镇瓷器、樟树四特酒、南丰蜜橘、庐山云雾茶、中华猕猴桃和赣南脐橙等驰名中外,享誉世界。在中华文明的历史长河中,江西人才辈出,陶渊明、欧阳修、曾巩、王安石、朱熹、文天祥等文学家、政治家、科学家若群星璀璨、光耀史册。此外,江西产业齐备、特色鲜明,无论是农业优势,还是新型工业的发展,都为国家建设做出了巨大贡献。

1978 年以来,江西省经济保持平稳、协调发展(图1.6)。2019 年地区生产总值(GDP)24 757.5 亿元,分别是 1978 年的 28 456.3%、1990 年的 5776.2%、2000 年的 1235.9%,较上一年(2018 年)增长8.9%。1979~2019 年地区生产总值平均增长速度为 10.1%,1991~2019 年的平均增长速度为 10.6%,2001~2019 年平均增长速度为 11.1%。产业结构不断优化,第一产业所占比重逐渐上升(2019 年第一产业比重较上一年上升0.1 个百分点),第二产业增长减速换挡(2019 年第二产业比重较上一年上升 0.1 个百分点),以金融业为代表的信息行业强力支撑全省经济增长(2019 年第三产业比重较上一年提高 0.2 个百分点)。1979~2019 年三大产业平均增长速度分别为 9.6%、8.5%和 9.3%。

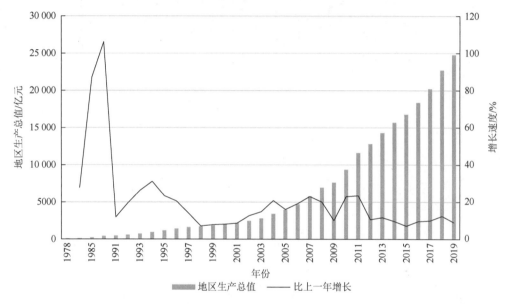

图 1.6　1978~2019 年地区生产总值及其增长速度

江西省 2019 年末常住人口 4656.9 万人,比上年末增加 22 万人(图1.7)。其中,城镇人口 2679.5 万人,占总人口的比重(常住人口城镇化率)为 57.5%。户籍人口城镇化率为 35.7%,比上年末提高 3.5 个百分点。全年出生人口 61.6 万人,出生率 12.59‰,比上年降低 0.84 个千分点;死亡人口 28.2 万人,死亡率 6.03‰,下降 0.02 个千分点;自然增长率 6.56‰,降低 0.81 个千分点。

1978 年以来,江西省人口总量保持稳定增长,人口性别结构不断优化,人口素质持续提高。随着人口相关政策持续完善,人口发展态势正在逐步加快,呈现出一些新的情况和问题。例如,跨省外出人口呈现回流趋势。2000 年第五次全国人口普查时,跨省流动人口为 368 万人,居全国第四。2010 年第六次全国人口普查时达到 579 万人,比第五次全国人口普查时增加 211 万人。在产业结构变化、创业政策调整的推动下,2019 年跨省外出人口 584.58 万人,比 2018 年减少了 3.19 万人。其次,出生人口下降趋势得到初步扭转。在计划生育的影响下,全省人口出生率由 2000 年的 15.55‰,下降到 2014 年的 13.24‰,平均每年下降 0.15 个千分点。实行全面二孩政策以后,2019 年出生人口增加到 60.11 万人，增幅虽小，但改变了出生人口下降的趋势。此外，人口老龄化程度逐步加深；劳动年龄人口规模持续增长；低年龄段人口下降幅度趋缓；人口城镇化率继续提高；人口性别结构日臻优化；人口文化程度不断提高。

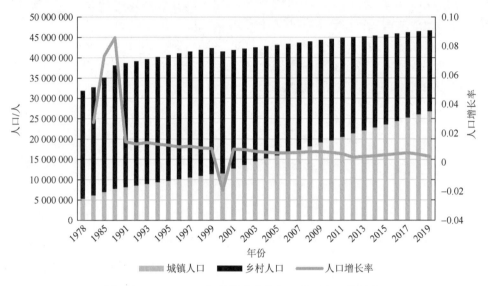

图 1.7　1978～2019 年按城乡分的人口数及人口增长率

第 2 章　湖泊物理与水文水资源

2.1　湖泊口门及岸线

2.1.1　湖泊口门

鄱阳湖承纳自身流域内的赣江、抚河、信江、饶河、修水"五河"及未控湖周区间来水,调蓄后经由北部湖口水道北注长江。在长江主汛期,江水高涨,可倒灌鄱阳湖。鄱阳湖吞吐长江,为典型的吞吐性湖泊。作为鄱阳湖出流的唯一通道,狭长形的湖口水道充当了长江与鄱阳湖之间复杂相互作用的桥梁。

鄱阳湖入江水道作为向长江泄流的口门,其变化对湖泊水量平衡有着重要影响。鄱阳湖水量维持主要取决于鄱阳湖流域自身来水与湖口出流的大小的消长。一般地,长江水位较低的枯水期,鄱阳湖水量输入输出基本平衡,水位随流域来水消涨变化,即表现出流域来多少水,湖泊就流出多少水。若流域来水不变,则湖口水道出流水力特征就成了维持鄱阳湖水位(或水量)的关键因素。

湖泊泄流能力这一概念可以很好地反映湖泊出口泄流的水力特性,即综合反映口门的变化。根据湖口站及星子站自 20 世纪 50 年代以来的观测资料,可得到鄱阳湖泄流能力 k 与湖口水位关系散点如图 2.1 所示。可以看出,鄱阳湖泄流能力与湖口水位呈单调上升的曲线关系。湖口水位越高,k 越大。k 随水位上升呈指数或幂指数关系快速上升。20世纪之前,鄱阳湖泄流能力与湖口水位关系较为稳定,且湖口水位与泄流能力基本呈一一对应的关系。采用幂函数拟合得到 $k = 0.71\,Z^{3.72}$,其确定性系数 R^2 为 0.97。

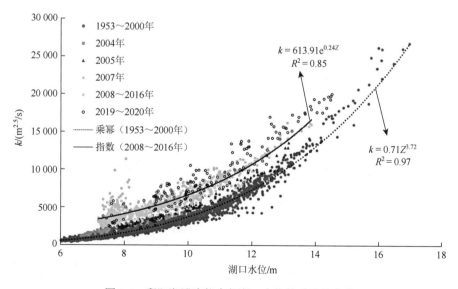

图 2.1　鄱阳湖泄流能力与湖口水位关系及其变化

但是 20 世纪初后，鄱阳湖泄流能力开始发生调整。鄱阳湖泄流能力与湖口水位的关系开始逐步偏离原来长期形成的稳定曲线关系。2000 年是一个变化的转折点。从图中可以明显看出，2004~2007 年，相同湖口水位条件下鄱阳湖泄流能力开始逐年提高。至 2007 年之后，同一湖口水位条件下的泄流能力有了明显上升，基本上已完全偏离原来的历史曲线关系。2008~2016 年，湖口不同水位对应的泄流能力散点数据显示，鄱阳湖泄流能力有逐步稳定的趋势。这段时期的泄流能力与湖口水位关系可以用指数函数来很好地拟合，方程为 $k = 613.91\mathrm{e}^{0.24Z}$，其确定性系数 R^2 为 0.85。

根据近两年现状条件下估算的鄱阳湖泄流能力结果，发现鄱阳湖泄流能力与湖口水位的关系在近十年也已形成一个相对的稳定曲线关系。从图中可以明显看出，2019~2020 年低枯水位条件下，鄱阳湖泄流能力与近十年的湖口水位与泄流能力曲线基本一致。根据 2008~2016 年泄流能力 k 与湖口水位 Z 之间的拟合关系式，基于 2019~2020 年的低枯水位，模拟验证了 2019~2020 年的湖泊泄流能力，并与根据公式直接计算得到的 2019~2020 年的湖泊泄流能力进行对比，两者之间的 R^2 高达 0.91，也进一步验证了近十几年内，鄱阳湖的湖泊泄流能力已形成一个新的稳定关系。

2.1.2　湖泊岸线状况

湖泊岸线是湖泊水体与岸边的交线，可分为自然岸线和人工岸线。两类岸线可再进一步细分，其二级分类如表 2.1 所示。自然岸线是指岸线空间范围内无大规模港口、工业、城镇等开发活动，且具有未被破坏和干扰的自然状态与功能的岸线。

表 2.1　湖泊岸线资源分类表

一级类代码	一级类型	二级类代码	二级类型	定义
1	自然岸线	11	自然交互岸线	岸线及后方陆域 1 km 范围内无港口码头、工业生产、大规模住宅开发建设，水陆交互处于相对自然状态，表现为洲滩湿地、基岩山体等形态，涉及内陆滩涂、沿海滩涂、林地、草地等用地类型
		12	硬质交互岸线	岸线及后方陆域 1 km 范围内无港口码头、工业生产、大规模住宅开发建设，堤防硬化明显、水陆交互处为硬质护坡护岸工程，表现水陆交互界面为人工硬化质地
		13	小幅干扰岸线	岸线及后方陆域 1 km 范围内无港口码头、工业生产，存在农村住宅开发、乡村聚落分布；堤内水产养殖、大规模大棚农业种植等
2	人工岸线	21	港口码头岸线	岸线及后方陆域 1 km 范围内存在用于人工修建的客运、货运、捕捞及工程、工作船舶停靠的场所及其附属建筑物、物流仓储场所及设施的岸线开发类型，涉及港口码头、仓储等用地类型
		22	工业生产岸线	岸线及后方陆域 1 km 范围内存在工业生产、产品加工制造、机械和设备修理及直接为工业生产等服务的附属设施的岸线开发类型，涉及工业用地类型
		23	城镇生活岸线	城镇建成区范围内，岸线及后方陆域 1 km 范围内存在住宅开发、公共服务设施开发、公园建设等岸线开发活动类型，涉及城镇住宅、公共管理与公共服务等用地类型
		24	其他人工岸线	跨水域通道岸线，包括桥梁、隧道及其附属设施开发建设岸线；水工设施岸线，包括人工修建的闸、坝等岸线开发类型；人工围滩岸线，近年来围垦滩涂而未开展大规模开发建设等

鄱阳湖为重要的通江湖泊。现状条件下（2018 年）的鄱阳湖各类岸线长度如表 2.2

所示，分成自然岸线和人工岸线两种一级类型（赖锡军等，2014b）。其中，自然岸线包括自然交互岸线（327 km）、硬质交互岸线（66 km）和小幅干扰岸线（559 km），总计 952 km；人工岸线主要是城镇生活岸线 438.28 km，其他人工岸线 47.38 km（图 2.2）。鄱阳湖现状条件下的各类岸线总长度计 1438 km（表 2.2）。

表 2.2　2018 年各类岸线长度

一级类型	二级类型	二级类型长/km	一级类型长/km	占比/%
自然岸线	自然交互岸线	327	952	66
	硬质交互岸线	66		
	小幅干扰岸线	559		
人工岸线	港口码头岸线	0	486	34
	工业生产岸线	0		
	城镇生活岸线	438.28		
	其他人工岸线	47.38		
合计			1438	

鄱阳湖自然洲滩是湖泊湿地植被生长和候鸟越冬的主要场所，具有重要的生态功能和保护价值，分析表明，岸线自然洲滩湿地保有率为 26.59%。

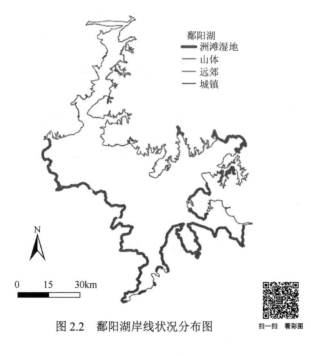

图 2.2　鄱阳湖岸线状况分布图

2.2　水　　文

水文变化是鄱阳湖水和生态安全分析与健康评估的重要基础，水文变化决定了湖泊湿地一系列的联动响应与反馈。鉴于鄱阳湖与流域和长江之间的作用关系，本节从流域入湖水量、湖泊自身水文及湖泊出流等几方面，对鄱阳湖水文现状加以综合评估。

2.2.1 流域"五河"入湖径流

数据资料显示，鄱阳湖流域五大水系赣江、抚河、信江、饶河、修水的日流量均呈明显的季节性动态变化，夏季的日入湖径流量要明显高于冬季等其他季节，其中赣江的日最大入湖径流量约可达 20 000 m^3/s。与流域"五河"入流的多年平均（2010～2018 年）状况比较，总体上，2020 年现状条件下的"五河"日径流在年内大多时期要小于多年平均水平，但夏季"五河"来水要高于历史平均年份（图 2.3）。数据统计进一步得出，赣江多年平均入湖径流约 2319 m^3/s，现状条件的平均入湖径流为 1991 m^3/s；抚河多年平均入湖径流为 450 m^3/s，现状条件的平均入湖径流为 331 m^3/s；信江多年平均入湖径流为 646 m^3/s，现状条件的平均入湖径流为 610 m^3/s；饶河多年平均入湖径流为 174 m^3/s，现状条件的平均入湖径流为 222 m^3/s；修水多年平均径流为 159 m^3/s，现状条件的平均入湖径流为 151 m^3/s。由此可知，现状条件下的鄱阳湖流域"五河"径流均呈现较为明显的下降态势，尤其体现在春季和冬季等流域来水偏少的季节。从年入湖总水量上计算得出，以 2020 年为现状条件的"五河"水量下降幅度达到 12%左右。

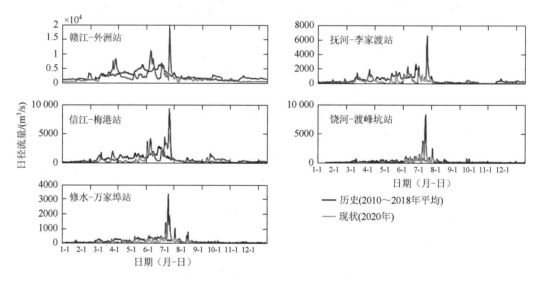

图 2.3 鄱阳湖流域"五河"代表水文站的径流现状分析

2.2.2 湖泊水位

以鄱阳湖星子、都昌和康山站观测资料对湖区空间水位变化现状开展分析。一般情况下，湖区空间水位因湖盆高程的异质性，具有一定的差异性，但空间不同区域水位的年内变化规律和趋势基本一致（Lai et al.，2014c；冯文娟等，2015；Ye et al.，2014b，2013）。从年内变化来看，现状年份条件下的湖区水位均高于多年平均状况，主要表现在洪水期和退水期两个典型时段（7～10 月），水位增幅在 2～3 m，但上游康山水位的最大增幅可达 4 m 左右。通过星子站水位加以分析，其 2020 年的平均水位为 13.9 m，多年平均水位约 12.8 m，可知湖区现状水位总体上呈偏高的变化态势，但 4～5 月的湖泊水位要略微低于湖区多年平均水位（图 2.4）。此外，值得一提的是，鄱阳湖历史最高水位为 1998 年的 22.52 m，但近年来其历史极值水位被不断突破，湖泊水位于现状年（2020 年）7 月中旬超过 1998 年的历史最高水位。由此表明评估的现状年，湖泊水位突破了水文数据纪录以来的历史极值（图 2.5）。

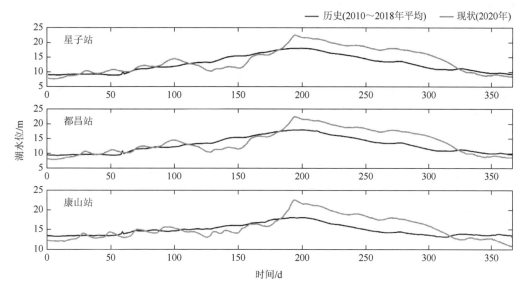

图 2.4　鄱阳湖代表性水文站的水位现状变化分析

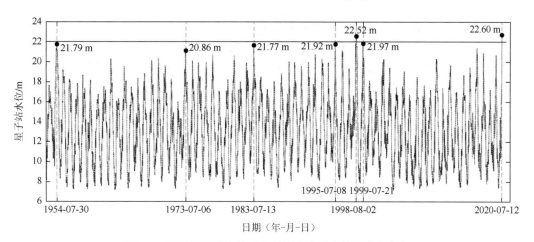

图 2.5　鄱阳湖星子站长序列观测水位及其极值水位变化

2.2.3　湖泊出流量

湖口站是鄱阳湖和长江交汇处的唯一站点，湖口流量变化体现了江湖作用关系与作用强度。与 2010～2018 年的平均状况比较，年内变化上，2020 年的湖口出流量在整个年内呈现明显的波动变化态势和较强的变异性，但统计发现鄱阳湖向长江干流的下泄水量有所减少。从出湖的日平均水量上来看，多年平均的日出湖流量约 5448 m³/s，2020 年的日平均出湖流量约 4944 m³/s，鄱阳湖出湖的年流量累计减少约 10%。从江湖作用关系上，2010～2016 年发生的倒灌鄱阳湖次数 3～5 次，2017 年长江倒灌鄱阳湖次数达 14 次。然而现状年 2020 年，受鄱阳湖 2020 年夏季第 1 号洪水和长江干流顶托影响，7 月 6～8 日鄱阳湖湖口站发生 2 次长江倒灌鄱阳湖现象，倒灌流量为 69～396 m³/s，最大倒灌流量超过 2500 m³/s，倒灌总水量估计约 3 亿 m³（图 2.6）。

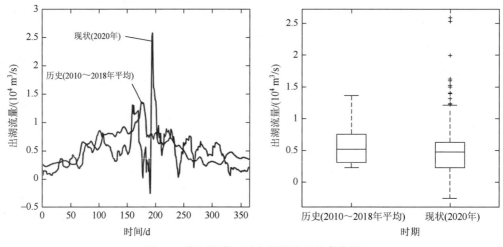

图 2.6　鄱阳湖湖口站出湖流量现状变化图

2.2.4　湖泊水面积和蓄水量

本节采用水位-水面积和水位-蓄水量曲线估算湖泊水面积和蓄水量变化。与历史多年平均状况相比，鄱阳湖现状条件下，2020 年的水面积和蓄水量在年内绝大部分时间要明显大于历史同期水平，主要体现在夏季 7～8 月，主要是因为 2020 年的夏季特大洪水事件，导致湖泊水面积、蓄水量均随着水位动态变化而明显超出历史平均状况。因遭受 2020 年夏季特大洪水影响，鄱阳湖水面积和蓄水量在年内极值上偏大偏高，均超过历史同期水平（图 2.7 和图 2.8）。

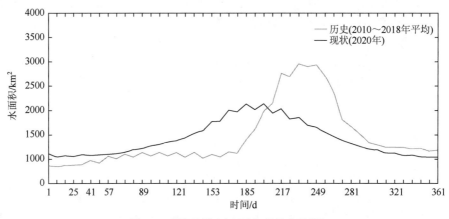

图 2.7　鄱阳湖湖区水面积现状变化图

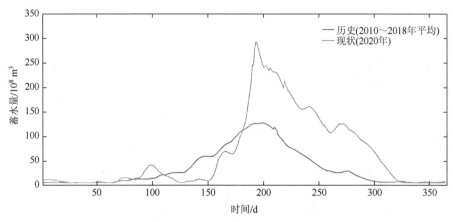

图 2.8　鄱阳湖湖区蓄水量现状变化图

2.3　泥　　沙

鄱阳湖不仅是江西五大河流与区间水的集散地，也是悬移质泥沙的集散地。鄱阳湖的泥沙来源于鄱阳湖流域和长江倒灌，以鄱阳湖流域为主，即主要来源于"五河"和"区间"入湖水体所挟带的泥沙。

2.3.1　流域入湖泥沙

鄱阳湖流域五大水系赣江、抚河、信江、饶河、修水的日输沙量与日入湖流量呈现类似的季节性动态变化，夏季的日入湖泥沙量要明显高于冬季等其他季节。与流域"五河"入湖泥沙的多年平均（2012～2017 年）状况比较，总体上，2018 年现状条件下的"五河"入湖泥沙在年内大多时期要小于多年平均水平（图 2.9）。赣江多年平均入湖输

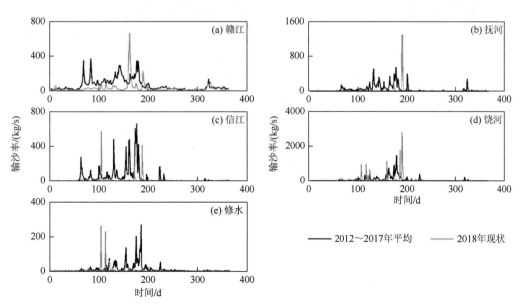

图 2.9　鄱阳湖流域"五河"代表水文站的输沙现状分析

沙率为 65.36 kg/s，现状为 31.51 kg/s；抚河多年平均入湖输沙率为 43.69 kg/s，现状为 12.17 kg/s；信江多年平均入湖输沙率为 37.43 kg/s，现状为 8.55 kg/s；饶河多年平均入湖输沙率为 63.79 kg/s，现状为 48.52 kg/s；修水多年平均入湖输沙率为 11.00 kg/s，现状为 3.93 kg/s。总体上，2018 年现状条件下的鄱阳湖流域"五河"入湖泥沙均呈现较为严重的下降态势。从流域"五河"年均入湖泥沙量来看，多年平均入湖泥沙量为 697.81 万 t，2018 年现状条件下的年均入湖泥沙量为 330.10 万 t，下降幅度超过 50%。

根据湖口站近年逐月沙量资料分析，现状 2018 年的长江没有发生倒灌鄱阳湖现象，长江倒灌鄱阳湖泥沙量也为 0。2017 年倒灌天数 14 d，2012～2016 年发生的倒灌鄱阳湖天数为 3～5 d。从倒灌发生时间来看，主要集中在 7～9 月，该时期为长江主汛期，长江水位高，故而出现江水倒灌现象（表 2.3）。长江倒灌沙量总体较小，2016 年倒灌沙量最大，为 24.06 万 t。长江泥沙随江水倒灌入湖，倒灌沙量与倒灌水量、江水含沙量有关。

表 2.3　2012～2018 年长江倒灌鄱阳湖沙量现状统计

年份	倒灌天数/d	发生月份	倒灌沙量/万 t
2012	3	7	12.77
2013	4	9～10	0.99
2014	3	9	0.68
2015	0	—	0
2016	5	7	24.06
2017	14	10	23.03
2018	0	—	0

2.3.2　出湖泥沙

鄱阳湖泥沙随径流经湖口水道进入长江，根据湖口站近年泥沙资料分析，与鄱阳湖出湖泥沙的多年平均（2012～2017 年）状况比较，总体上，2018 年现状条件下的出湖泥沙在年内大多时期也要小于多年平均水平（图 2.10），这是因为现状条件下鄱阳湖向长江干流的下泄水量减少。数据统计得出，多年平均的累计出湖沙量约 1096.53 万 t，2018 年的累计出湖沙量约 391.44 万 t，鄱阳湖出湖沙量大幅度减少。

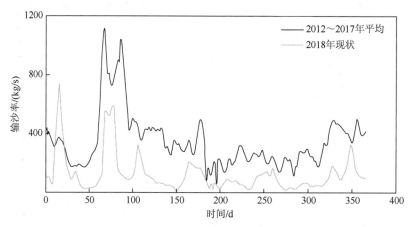

图 2.10　鄱阳湖湖口站日输沙率现状变化图

2.3.3 沙量平衡

2018 年现状条件下的鄱阳湖出湖沙量 391.44 万 t,"五河"控制站入湖沙量为 330.10 万 t。与多年平均(2012~2017 年)的出湖和"五河"控制站入湖泥沙量状况相比,出湖沙量与"五河"控制站入湖沙量间差值下降。若不考虑区间来沙,2018 年现状条件下 4~7 月鄱阳湖淤积作用减弱,其他各月被冲蚀的作用也发生不同程度减小(表 2.4)。

表 2.4　2012~2017 年和 2018 年现状条件下入湖-出湖输沙量变化　(单位:万 t)

年份	1 月	2 月	3 月	4 月	5 月	6 月	7 月	8 月	9 月	10 月	11 月	12 月
2012~2017	−74.9	−42.1	−155.9	−43.8	13.7	169.7	12.8	−38.1	−45.7	−56.5	−61.4	−97.0
2018	−62.9	−10.0	−69.3	18.1	13.1	18.2	103.2	−11.1	−20.4	−6.1	−11.2	−32.5

鄱阳湖的冲淤规律主要受五大河流、未控区间及江湖作用变化规律控制。1~3 月鄱阳湖水位较低,呈河流特征,此时湖面比降大,流速快,水流的挟沙能力强,水流对湖床产生冲刷,出湖沙量大于入湖沙量,在 3 月冲刷量最大,2018 年现状条件下的最大冲刷量较多年平均减小了近 50%。4 月开始,"五河"进入汛期,湖水位升高,随着鄱阳湖水表面积的增大,湖泊水面比降减小,水流缓慢,入湖泥沙开始在湖区淤积,2018 年现状条件下,4~6 月各月的泥沙淤积量明显减少,且不同于多年平均的 6 月淤积最明显,现状条件下的泥沙淤积最大值发生在 7 月。鄱阳湖来沙量和出沙量变化状况的年内分布见图 2.11。

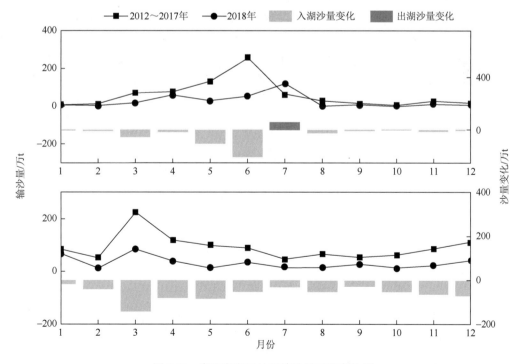

图 2.11　鄱阳湖湖口站日输沙量现状变化图

2.4 小 结

（1）鄱阳湖入江水道作为向长江泄流的口门，其变化对湖泊水量平衡有着重要影响。鄱阳湖水量维持主要取决于鄱阳湖流域自身来水与湖口出流的大小的消长。湖泊泄流能力这一概念可以很好地反映湖泊出口泄流的水力特性，即综合反映口门的变化。近十几年内，鄱阳湖的湖泊泄流能力已形成一个新的稳定关系。鄱阳湖自然洲滩是湖泊湿地植被生长和候鸟越冬的主要场所，具有重要的生态功能和保护价值，分析表明，岸线自然洲滩湿地保有率为 26.59%。

（2）鄱阳湖高度变异的水文节律变化是通江湖泊的一个主要特点，对湖泊水文现状的清晰认识有助于深刻理解湖泊水资源及湿地生态安全等诸多方面。本节围绕上游流域来水、湖区自身水位及湖泊出流情势等几个方面，通过与历史多年平均（2018 年之前）水文状况的对比，认为现状条件下（2020 年）鄱阳湖流域"五河"径流出现较为明显的下降趋势，尤其是春、冬季节的流域来水，且年入湖总水量下降幅度接近 10%，但夏季"五河"来水增加趋势尤为显著。因此，现状条件下鄱阳湖水位高于历史平均状况，主要表现在洪水和退水时期，水位增加幅度在 2～3 m，但局部地区可达 3～4 m。同时，因现状年湖区出现特大洪水，湖泊水面积和蓄水量也明显高于历史同期平均水平，湖口出流量在年内呈现明显的波动态势和变异性，湖泊向长江干流的年下泄水量约减少 10%。总体上，在年尺度上，鄱阳湖当前水文情势趋于平稳；在季节尺度上，鄱阳湖当前水文情势动态主要体现在夏秋等典型时期的变化上，已导致一些自然灾害的发生。

（3）本章从流域入湖泥沙、长江倒灌泥沙及出湖总沙量等方面探讨了鄱阳湖沙量平衡现状。通过与历史多年平均泥沙状况的对比，认为现状条件下的鄱阳湖流域入湖泥沙出现较为严重的下降趋势，下降幅度超过 50%。此外，长江泥沙会随江水倒灌入湖，倒灌沙量与倒灌水量和江水含沙量等有关，近年来长江倒灌沙量总体上较小。随着近年来鄱阳湖向长江干流下泄水量的减小，现状条件下的鄱阳湖出湖泥沙在年内大多数时期也要低于多年平均水平。总体上，鄱阳湖当前泥沙情势处于冲蚀状态，但冲蚀力度减弱。

第 3 章　湖泊水环境

3.1　湖泊水环境指标

3.1.1　透明度

在 2009～2020 年,鄱阳湖透明度(SD)呈现轻微的增加趋势,年增加幅度约为 0.01 m,但是其增加幅度并不显著。同时可以发现,不同采样点之间的透明度差异较大。从透明度的年内分布状况可以发现,透明度的年内变化范围为 0.30～0.65 m,年内变异系数为17.31%。鄱阳湖在年内的透明度呈现出春夏较高、秋冬较低的特征,透明度最大的月份为 7 月 (图 3.1)。

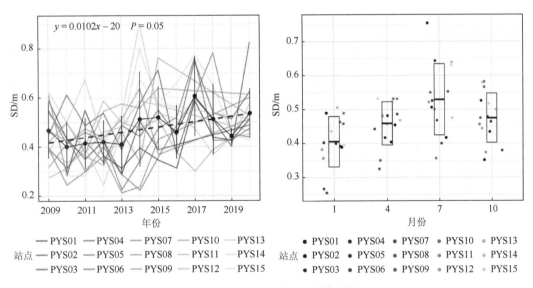

图 3.1　鄱阳湖透明度动态变化过程

3.1.2　溶解氧

在 2009～2020 年,鄱阳湖溶解氧（DO）并没有呈现显著的变化趋势（年变化趋势约为 0.065 mg/L,溶解氧含量在 9 mg/L 附近波动。同时可以发现,鄱阳湖的溶解氧存在一定的空间差异。从年内变化来看,鄱阳湖溶解氧呈现秋冬较高、夏季最低的趋势（图 3.2）。

3.1.3　pH

鄱阳湖的 pH 动态变化如图 3.3 所示。从图中可以发现,2009～2020 年,鄱阳湖的水体 pH 呈现显著的下降趋势,下降幅度为 $0.07a^{-1}$。2009～2020 年,鄱阳湖的 pH 总体上由偏碱性向中性转变。年内变化表明，鄱阳湖的水体 pH 呈现秋冬较高、春夏较低的特征，但是总体差异不大。

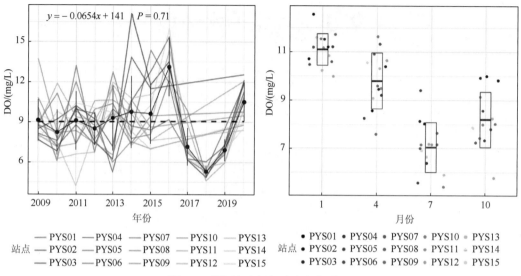

图 3.2　鄱阳湖溶解氧动态变化过程

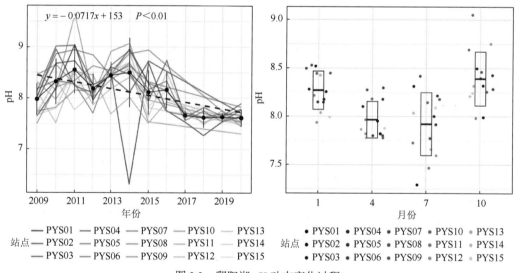

图 3.3　鄱阳湖 pH 动态变化过程

3.1.4　总氮

鄱阳湖的总氮（TN）动态变化过程如图 3.4 所示。从图中可以发现，2009～2020 年，鄱阳湖总氮浓度呈现出显著的上升趋势，上升幅度为 0.0453 mg/（L·a）。同时可以发现，鄱阳湖总氮浓度存在一定的空间分异。年内变化显示，鄱阳湖总氮浓度呈现秋冬较高、春夏较低的年内分布特征，最低值出现在夏季（7 月）。总氮的年内变化范围为 1.24～3.22 mg/L，年内变异系数为 24.68%。

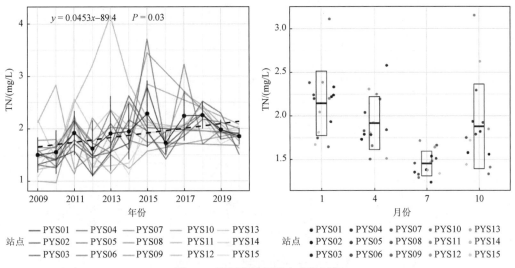

图 3.4 鄱阳湖总氮动态变化过程

3.1.5 总磷

鄱阳湖的总磷（TP）动态变化过程如图 3.5 所示。从图中可以发现，2009～2020 年，鄱阳湖总磷浓度呈现出显著的上升趋势，上升幅度约为 0.005 mg/（L·a）。同时可以发现，鄱阳湖总磷浓度存在一定的空间分异。年内变化显示，鄱阳湖总体没有明显的年内分布特征，最高值出现在春季（4 月），最低值出现在夏季（7 月）。秋冬两季的浓度介于春夏之间。总磷的年内变化范围为 0.05～0.35 mg/L，年内变异系数为 37.61%。

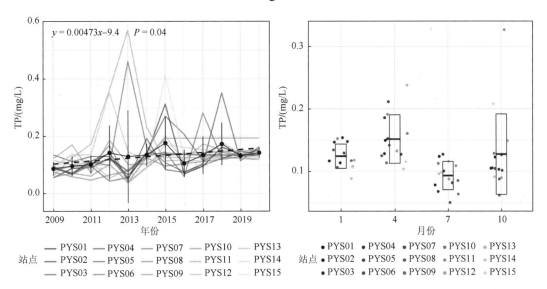

图 3.5 鄱阳湖总磷动态变化过程

3.1.6 叶绿素 a

2009～2020 年，鄱阳湖的叶绿素 a（Chl a）浓度呈现显著的上升趋势，上升速率为

0.507 mg/（m³·a），从图3.6中可以发现，到2020年鄱阳湖平均叶绿素a浓度已经由2009年的3.5 mg/m³上升到2019年的10 mg/m³，增加幅度明显。年内变化显示，鄱阳湖的叶绿素a浓度存在显著的季节差异，其中，夏季和秋季浓度显著高于其余季节，并且夏季和秋季鄱阳湖的叶绿素a浓度存在明显的空间分异，不同点位的浓度差异较大，而冬季和春季鄱阳湖叶绿素a的浓度空间差异较小。鄱阳湖叶绿素a的年内变化范围为1.84～11.87 mg/m³，年内变异系数为53.74%。

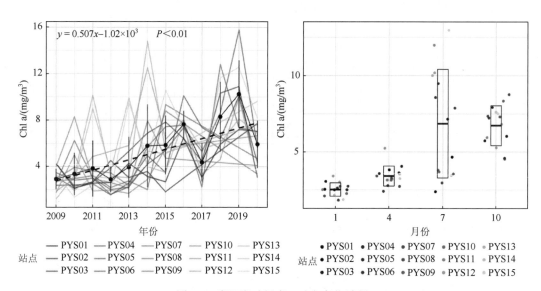

图3.6　鄱阳湖叶绿素a动态变化过程

3.1.7　高锰酸盐指数

鄱阳湖高锰酸盐指数（COD_{Mn}）的动态变化过程如图3.7所示。可以发现，2009～

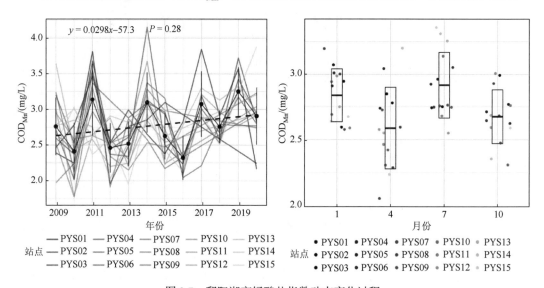

图3.7　鄱阳湖高锰酸盐指数动态变化过程

2020 年，鄱阳湖的高锰酸盐指数呈现显著的上升趋势，上升幅度约为 0.003 mg/（L·a）。年内分布显示，鄱阳湖的高锰酸盐指数没有明显的年内分布特征，最大值在夏季，最低值在春季。高锰酸盐指数的年内变化范围为 2.13～3.58 mg/L，年内变异系数为 11.05%。

3.2　入湖水环境指标

2010～2020 年一共调查了 7 条主要入湖河道（博阳河、赣江、西河、修水、抚河、饶河及信江）的水质指标，结果如图 3.8 所示。在主要调查的水环境指标中，pH 和 TP 呈现比较显著的下降趋势，其中，pH 的下降幅度约为 0.05a^{-1}，而 TP 的下降幅度约为 0.002 mg/（L·a）。其余指标如 DO、COD$_{Mn}$ 及 BOD$_5$，均呈现显著的上升趋势，上升幅度分别约为 0.61 mg/（L·a）、0.07 mg/（L·a）及 0.04 mg/（L·a）。NH$_4^+$-N 在近十年则没有明显变化趋势。同时，根据《2020 年江西省生态环境状况公报》，赣江断面水质优良比例为 98.3%，水质优。其中，Ⅰ 类比例为 2.5%，Ⅱ 类比例为 85.7%，Ⅲ 类比例为 10.1%，Ⅳ 类比例为 1.7%，主要污染物为氨氮。抚河断面水质优良比例为 100%，水质优。其中，Ⅱ 类比例为 85.7%，Ⅲ 类比例为 14.3%。信江断面水质优良比例为 100%，水质优。其中，Ⅰ 类比例为 3.0%，Ⅱ 类比例为 73.5%，Ⅲ 类比例为 23.5%。饶河断面水质优良比例为 100%，水质优。其中，Ⅱ 类比例为 85.7%，Ⅲ 类比例为 14.3%。修水断面水质优良比例为 100%，水质优。其中，Ⅰ 类比例为 13.3%，Ⅱ 类比例为 80.0%，Ⅲ 类比例为 6.7%。

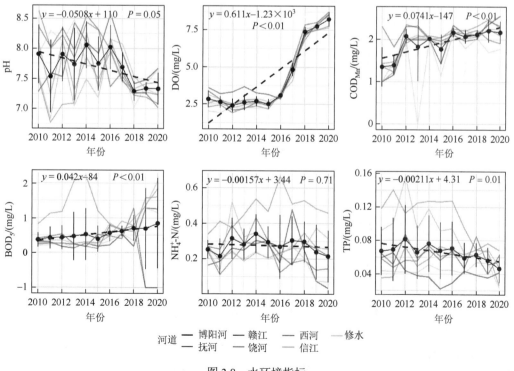

图 3.8　水环境指标

3.3　富营养化状态

通过综合营养状态指数来评估鄱阳湖的富营养化程度可以发现，2009~2020 年鄱阳湖的 TLI 呈现显著的上升趋势，上升幅度为 0.505a^{-1}。2018 年鄱阳湖的 TLI 值最大，为 53.58，为轻度富营养状态。总体上来看，鄱阳湖的水体富营养化程度虽然在不断增加，但是仍未出现重度富营养化的现象。

由图 3.9 可以发现，在研究时段（2009~2020 年）内，鄱阳湖湖区轻度富营养化的比例总体呈现上升趋势，而中营养状态的比例显著减小，说明湖区水质逐渐富营养化。不过，在 2018 年，中营养状态、轻度富营养状态和中度富营养状态占比分别为 3%、90% 和 7%；2019 年开始，中度富营养状态消失，中营养状态占比上升至 7%，轻度富营养状态的比例为 91%，总体上水质有所改善。

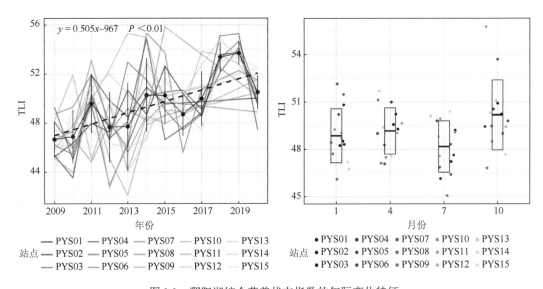

图 3.9　鄱阳湖综合营养状态指数的年际变化特征

对 2009~2019 年各年度湖区水体的营养状态占比作进一步比较和分析。2009~2017 年，水体轻度富营养的占比均在 50% 左右，而在 2018~2019 年，轻度富营养化迅猛，占比达到 90% 左右。2009 年，中营养状态和轻度富营养状态占比分别为 22% 和 78%；2010 年，鄱阳湖有 83% 的水体为中营养状态，只有 17% 的水体为轻度富营养状态；2011 年，出现了贫营养状态，占到 5%，轻度富营养状态的比例为 38%，其余则表现为中营养状态；2012 年，开始出现中度富营养状态的水体，仅占有 2%，而轻度富营养状态的水体比例增至 52%，中营养状态的水体比例则降为 46%；2013 年有 88% 的水体为中营养状态，12% 的水体为轻度富营养状态；2014 年 5% 的水体呈现为中度富营养状态；而在 2015 年有 2% 的水体为中度富营养状态。2015 年以后，水体基本保持在中营养和轻度富营养状态，且轻度富营养状态呈上升的趋势。2016 年，53% 的水体为轻度富营养状态，2017 年，轻度富营养状态的水体占比为 45%。在 2018 年，有 7% 的水体处于中度富营养状态，2019 年有所好转，但仍有 88% 的水体处于轻度富营养状态，2020 年有少部分水体出现了中度富营养状态，占比为 15%。

鄱阳湖水体的营养状态占比的年际变化特征如图 3.10 所示。图 3.11 为鄱阳湖综合营养状态指数的年内变化特征。图中从上到下的虚线分别代表重度富营养、中度富营养、轻度富营养、中营养和贫营养的分界线。

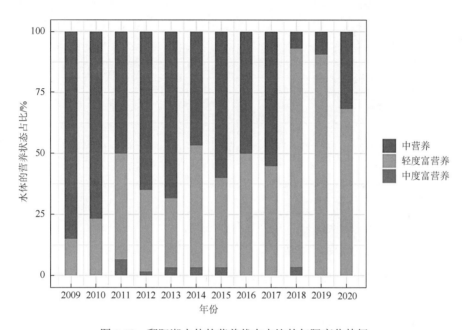

图 3.10　鄱阳湖水体的营养状态占比的年际变化特征

由图 3.11 可以发现，鄱阳湖湖区年内综合营养状态指数存在明显的季节性差异。总体上来说，鄱阳湖全湖的综合营养状态指数在年内呈现先下降后上升的趋势（春季 50.15、夏季 48.56、秋季 50.02 和冬季 46.06），在冬季取得最小值 46.06。除冬季外，鄱阳湖在年内水体平均处于中营养状态，而在冬季鄱阳湖则处于轻度富营养状态。另外，鄱阳湖的综合营养状态存在一定的空间分异，并且各个季节的分异特征不同。其中，在秋季，鄱阳湖全湖各点位的综合营养状态指数都处于中营养和轻度富营养之间，空间分异并不显著；在 2015 年春季，鄱阳湖北部湖区的部分点位呈现中度富营养和重度富营养状态；而在 2014 年冬季，鄱阳湖中部湖区部分点位出现了中度富营养和重度富营养状态。值得注意的是，在水质较好的夏季，鄱阳湖部分点位在 2011 年出现了贫营养的状态。2016～2020 年，TLI 值持续增大，2016 年春季和冬季多数处于中营养状态，夏季和秋季处于轻度富营养状态；2017～2020 年，全年基本处于轻度富营养状态，且 2018～2020 年夏季和秋季有向中度富营养状态转变的趋势。

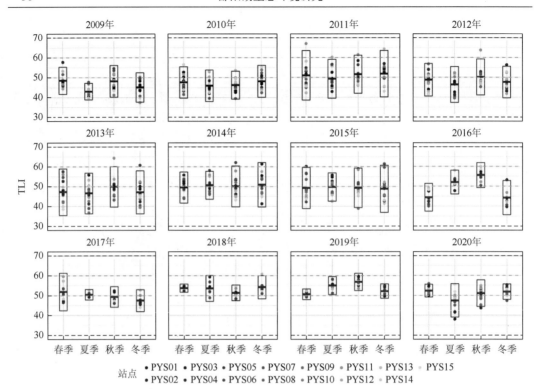

图 3.11　鄱阳湖综合营养状态指数的年内变化特征

3.4　小　　结

在 2009～2020 年，大多数水质参数如 Chl a 和 TN 呈现显著的增加趋势，其增加速率分别为 0.507 mg/（m³·a）及 0.0453 mg/（L·a）。2009～2020 年鄱阳湖的 TLI 呈现显著的上升趋势，上升幅度为 0.505 a⁻¹。2018 年鄱阳湖的年均 TLI 值最大，为 53.58，为轻度富营养状态。总体上来看，鄱阳湖的水体富营养化程度虽然在不断增加，但是仍未出现重度富营养化的现象。鄱阳湖湖区轻度富营养状态的水体比例总体呈现上升趋势，而中营养状态的水体比例显著减小，说明湖区水质逐渐富营养化。不过，在 2018 年，中营养状态、轻度富营养状态和中度富营养状态水体占比分别为 3%、90% 和 7%；2019 年开始，中度富营养状态消失，中营养状态水体占比上升至 7%，轻度富营养状态的水体比例为 91%，总体上水质有所改善。

第4章 水域生态系统结构

4.1 浮游植物

4.1.1 种类组成

2020 年四个季度定量样品中共鉴定出浮游植物 7 门 63 种（属），其中绿藻门和硅藻门种属数较多，分别为 24 种（属）和 21 种（属），分别占比 38%和 33%。蓝藻门 7 种（属），占比 11%；裸藻门 4 种（属）；隐藻门和甲藻门各 3 种（属）；金藻门仅检出 1 种。2019 年丰水期鄱阳湖 133 个样点全湖调查共发现浮游植物 65 种（属），隶属于 7 门，其中以绿藻门为主，共计 33 种（属）；其次为硅藻门和蓝藻门，分别为 13 种（属）和 9 种（属）；裸藻门和甲藻门较少，分别为 5 种（属）和 3 种（属）；隐藻门和金藻门各仅检出 1 种。

鄱阳湖最常见藻类为蓝藻门的微囊藻（*Microcystis* spp.）、浮游鱼腥藻（*Anabaena planctonica*）和浮游蓝丝藻（*Planktothrix* sp.），其次为蓝藻门的卷曲鱼腥藻（*Anabaena circinalis*）、螺旋藻（*Spirulina* sp.）、颤藻（*Oscillatoria* spp.）、席藻（*Phormidium* spp.）；隐藻门的卵形隐藻（*Cryptomonas ovata*）；硅藻门的颗粒直链硅藻（*Aulacoseira granulata*）；绿藻门的栅藻（*Scenedesmus* sp.）、二角盘星藻（*Pediastrum duplex*）、空球藻（*Eudorina* spp.）、实球藻（*Pandorina morum*）、网状空星藻（*Coelastrum reticulatum*）和小球藻（*Chlorella* spp.）。

4.1.2 细胞丰度和生物量

浮游植物细胞丰度年均值 122 万个/L，最大值在秋季（175.77 万个/L），最小值在春季（82.04 万个/L）（图 4.1）。导致这种季节动态的主要门类为蓝藻门和硅藻门，蓝藻门在秋冬季（10 月和 1 月）丰度较高，分别为 125.18 万个/L 和 123.69 万个/L；在春季最低，为

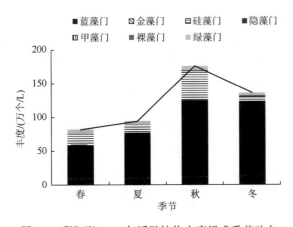

图 4.1 鄱阳湖 2020 年浮游植物丰度组成季节动态

59.61 万个/L。硅藻门在春季和秋季细胞丰度较高，分别为 15.44 万个/L 和 43.44 万个/L。绿藻门表现出秋季细胞丰度最高、冬季最低的动态，秋季 6.27 万个/L，冬季 3.47 万个/L。浮游植物生物量年均值 0.55 mg/L，季节动态主要受硅藻门影响，表现为秋季最高、冬季最低，分别为 0.86 mg/L、0.39 mg/L。

鄱阳湖阻隔湖区夏季浮游植物丰度均值为 2130.9 万个/L，主湖区均值为 524.2 万个/L，显著低于阻隔湖泊。在浮游植物丰度组成中以蓝藻门占优势地位，阻隔湖泊中蓝藻门占比优势度更高。鄱阳湖主湖区浮游植物群落结构与阻隔湖泊浮游植物群落存在明显差异，其差异主要由绿藻门和蓝藻门导致。主湖区浮游植物以绿藻门类为主，生物量占比高达 37.68%，其次为硅藻门（19.98%）及甲藻门（15.80%），蓝藻门占比为 11.29%。在阻隔湖泊中，浮游植物生物量以蓝藻门占优，占比高达 41.43%，其次为甲藻门（17.09%），硅藻门占比为 16.70%，绿藻门占比为 15.72%（表 4.1）。

表 4.1 鄱阳湖主湖区及阻隔湖泊夏季浮游植物丰度和生物量组成

门类	鄱阳湖主湖区				阻隔湖泊			
	丰度/ （万个/L）	占比/%	生物量/ （mg/L）	占比/%	丰度/ （万个/L）	占比/%	生物量/ （mg/L）	占比/%
蓝藻门	297.6	56.76	0.31	11.29	1908.7	89.57	2.42	41.43
绿藻门	181.3	34.58	1.03	37.68	153.1	7.18	0.92	15.72
硅藻门	27.3	5.21	0.54	19.98	50.5	2.37	0.98	16.70
隐藻门	11.3	2.16	0.34	12.46	15.9	0.75	0.48	8.15
裸藻门	1.7	0.33	0.07	2.65	1.3	0.06	0.05	0.91
甲藻门	3.9	0.75	0.43	15.80	1.4	0.07	1.00	17.09
金藻门	1.1	0.21	0	0.14	0	0	0	0
合计	524.2	100	2.72	100	2130.9	100	5.85	100

蓝藻门浮游植物主要有微囊藻（*Microcystis* spp.）、卷曲鱼腥藻（*Anabaena circinalis*）、浮游鱼腥藻（*Anabaena planctonica*）、螺旋藻（*Spirulina* sp.）、浮游蓝丝藻（*Planktothrix* sp.）、颤藻（*Oscillatoria* spp.）、席藻（*Phormidium* spp.）、色球藻（*Chroococcus* spp.）和平裂藻（*Merismopedia* sp.），其中尤以微囊藻类生物量占主导。统计分析表明，阻隔湖泊与主湖区蓝藻门生物量存在显著差异，阻隔湖泊显著高于主湖区。

夏季浮游植物细胞丰度空间分布呈现南北高、中间低的特征，最大值为 2100.2 万个/L，最小为 127.0 万个/L。南北湖区及入湖口区域蓝藻门丰度普遍偏高，最大值 2036.7 万个/L，最小值 43.8 万个/L。湖心区绿藻门细胞丰度较高，最大值 545.3 万个/L，最小值 13.1 万个/L。主湖区浮游植物生物量均值为 2.73 mg/L，空间差异较丰度小，介于 0.49～13.02 mg/L。绿藻门和硅藻门占据主导，生物量均值分别为 1.03（0.03～3.62）mg/L、0.54（0.60～2.51）mg/L。蓝藻门生物量介于 0.04～11.04 mg/L（图 4.2）。

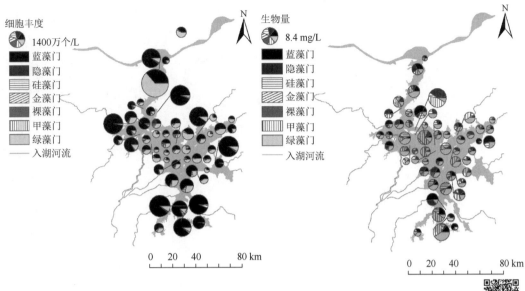

图 4.2　鄱阳湖主湖区及阻隔湖泊夏季浮游植物细胞丰度和生物量组成

浮游植物多样性方面，Shannon-Wiener 指数在湖心区最高，为 2.70，入湖及出湖水域多样性较低，最低值为 0.51，平均值为 1.92，阻隔湖泊与主湖区差异较大，主湖区为多样性热点地区。其他两种多样性指数与 Shannon-Wiener 指数在空间上的分布方式较为一致，Pielou 均匀度指数平均值为 0.73，最大值为 0.92，最小值为 0.25（图 4.3）。

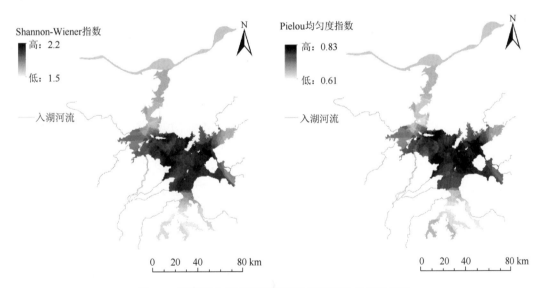

图 4.3　鄱阳湖主湖区及阻隔湖泊浮游植物多样性指数

4.1.3　关键环境影响因子

鄱阳湖浮游植物主湖区群落结构在空间上存在明显差异，其中影响群落结构差异的环境因子分为两种类型。以氮磷营养盐等为主的浮游植物生长所必需的营养成分为一类，影响自东向西再向北的浮游植物群落组成，过程中伴随着 Chl a 浓度的升高（范围 0.08～75.38 μg/L），营养物质浓度逐渐升高（TN 范围 0.648～2.01 mg/L，TP 范围 0.011～0.082 mg/L）。与之相反的电导率和溶解有机碳（DOC）含量的增加对浮游植物群落同样存在影响，影响方向自北向西再向东（图 4.4）。南部湖区点位与其他湖区相比点位较为聚集，说明群落同质化程度较高，西部湖区相对分散，这与该地区多变的水文条件和生境有着不可分割的联系。

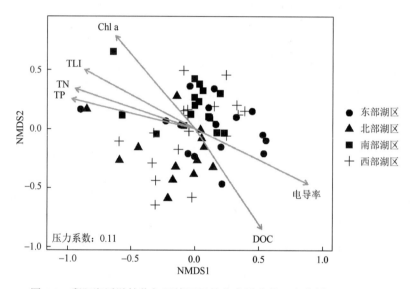

图 4.4　鄱阳湖浮游植物与环境因子的非度量多维尺度分析（NMDS）

4.1.4　浮游植物群落演变

从 20 世纪 80 年代至今，鄱阳湖浮游植物属种数目趋于减少。1983～1987 年，鉴定浮游植物 154 属，2009～2011 年，浮游植物总属数目下降至 67 属，一些清水性种类，如金藻门和黄藻门的种类数在减少或消失。除此之外，浮游植物优势种属基本组成发生明显变化，20 世纪 80 年代鄱阳湖优势种属类别多样性丰富，而 2010 年以后其优势种属基本构成单一。绿藻门的栅藻、鼓藻，硅藻门的直链藻、脆杆藻及蓝藻门的微囊藻在 20 世纪 80 年代和 2010 年以后均是优势种属（表 4.2）。

表 4.2　鄱阳湖主湖区浮游植物属种数目变化

门类	20 世纪 80 年代		20 世纪 90 年代～21 世纪初			21 世纪 10 年代	
	A	B	C	D	E	F	G
绿藻门	78 属	98 种	17 种	39 种、109 种	32 属（种）	34 属 64 种	46 种（属）
硅藻门	31 属	49 种	21 种	9 种、28 种	17 属（种）	17 属 30 种	30 种（属）
蓝藻门	25 属	32 种	5 种	7 种、24 种	9 属（种）	6 属 22 种	19 种（属）

续表

门类	20 世纪 80 年代		20 世纪 90 年代～21 世纪初			21 世纪 10 年代	
	A	B	C	D	E	F	G
金藻门	6 属	4 种	1 种	—	1 属（种）	1 属 1 种	1 种
裸藻门	6 属	7 种	3 种	—	4 属（种）	4 属 7 种	5 种（属）
黄藻门	4 属	5 种	—	—	—	—	—
甲藻门	3 属	7 种	1 种	—	1 属（种）	3 属 4 种	2 种
隐藻门	1 属	4 种	2 种	—	4 属（种）	2 属 4 种	3 种
总计	154 属	206 种	50 种	68 种、178 种	68 属（种）	67 属 132 种	106 种（属）

注：（1）A 1983～1987 年；B 1987 年 10 月～1993 年 3 月；C 1996 年 12 月和 1997 年 6 月；D 1999 年 6 月和 9 月；E 2007～2008 年；F 2009～2011 年；G 2009～2016 年。1996 年 12 月和 1997 年 6 月监测点位均在鄱阳湖自然保护区，仅作为参照。（2）A 数据引自《鄱阳湖研究》编委会（1988）；B 数据引自谢欣铭等（2000）；C 数据引自报告"鄱阳湖国家自然保护区研究"；D 数据引自王天宇等（2004）；E 数据引自中国科学院南京地理与湖泊研究所 2007～2008 年中国湖泊水质、水量和生物资源调查结果；F 中国科学院鄱阳湖湖泊湿地观测研究站调查结果；G 数据引自钱奎梅等（2019）。

结合历史资料分析发现，鄱阳湖浮游植物细胞丰度和生物量具有增加的趋势，在增加的同时，Chl a 浓度也随季节变化波动。1987 年全年调查结果中全年平均细胞丰度 51.52 万个/L，全年最大值 118.2 万个/L，最小值 19.6 万个/L，夏季平均丰度为 35.26 万个/L。优势种多为绿藻门，如纤维藻、盘星藻和栅藻等。1988 年浮游植物年均值在 47.6 万个/L，最大值 355 万个/L，最小值 27 万个/L。相比之下年均丰度减小，最大值和最小值均相对增大，且年最大值高达 255 万个/L，说明鄱阳湖季节波动明显增大。1999 年 9 月调查结果显示，全湖平均细胞丰度增长至 240 万个/L，最大值 1080 万个/L，最小值 12.8 万个/L。此时优势种已经转换为硅藻门，如颗粒直链硅藻，优势种转换和细胞丰度的增加可能代表着鄱阳湖水体环境显著向缓流浅水状态转变。2015 年浮游植物年均丰度为 225 万个/L，最大值 1014 万个/L，最小值 7.75 万个/L，其中蓝藻细胞丰度最高，年均值达到 158 万个/L，远大于硅藻和绿藻约 27 万个/L。2016 年年均丰度减少至 104 万个/L，最大值 930 万个/L，最小值 13 万个/L；蓝藻细胞丰度下降至 171 万个/L，仍维持较高水平。2017～2020 年，蓝藻细胞丰度维持在 56～142 万个/L，硅藻和绿藻交替增多。

2009～2016 年平均生物量分别为 0.044 mg/L、0.252 mg/L、0.335 mg/L、6.379 mg/L、3.945 mg/L、2.912 mg/L、3.562 mg/L 和 1.550 mg/L。这期间硅藻门为鄱阳湖浮游植物的优势门类。总体来说，鄱阳湖浮游植物生物量具有增加的趋势。其中 2009～2011 年浮游植物生物量较低，但营养浓度较高。浮游植物总生物量，特别是蓝藻生物量在 2012 年 10 月明显较高，就导致了以小细胞形态的鱼腥藻、平裂藻、微囊藻、空球藻和实球藻等开始占优势。微囊藻和鱼腥藻均为易形成水华的蓝藻类群（图 4.5），在 2012～2016 年成为优势类群，这也证实了该时期鄱阳湖的某些湖区发生的水华蓝藻聚集现象。

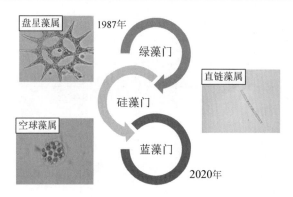

图 4.5　鄱阳湖浮游植物主要门类及代表物种演替过程

4.2　浮　游　动　物

浮游动物是水生生态系统中的重要组成成分，在生态系统的能量流动、物质循环和信息传递等方面具有重要作用。浮游动物以细菌、碎屑和浮游植物为食，其种类变化和数量波动与水体营养状态密切相关，可以通过浮游植物—浮游动物—鱼的营养级联关系进一步影响水生生态系统功能。浮游动物群落易受环境因子影响，水环境条件变化会引起其群落结构发生变动。一些浮游动物对环境变化敏感，通常可作为水质状况的指示物种，在水体生物学监测和评价中发挥着重要作用。

本节基于 2021 年 7 月全湖调查，在鄱阳湖北部通江湖区、撮箕湖区、赣江入湖区、南部中心湖区和三江入湖区共布设 68 个点位，探究浮游动物群落结构及与水体环境因子的关系。

4.2.1　种类组成与优势种

本次共鉴定出浮游动物种类 70 种，其中轮虫 45 种，占浮游动物种类数的 64.29%，是鄱阳湖浮游动物的主要类群；空间分布如图 4.6 所示，枝角类 13 种，占 18.57%；桡足类 12 种，占 17.14%。其中北部通江湖区浮游动物物种数最高可达到 29 种，平均 22.8 种；其次为三江入湖区，最高有 38 种，平均 22.2 种；撮箕湖区平均 18 种；南部中心湖区平均 17.8 种；赣江入湖区物种数最少，平均 14.7 种。从图 4.7 可以看出，鄱阳湖物种数较高的采样点主要集中在北部通江湖区和三江入湖区。

以优势度指数（Y）>0.02 为标准，本次共确定优势种 17 种，其中轮虫 12 种、枝角类 3 种、桡足类 2 种（表 4.3）。在北部通江湖区，镰状臂尾轮虫（*Brachionus falcatus*）、有棘螺形龟甲轮虫（*Keratella cochlearis*）和曲腿龟甲轮虫（*Keratella valga*）优势度较高；撮箕湖区以有棘螺形龟甲轮虫和曲腿龟甲轮虫为主要优势种，其中脆弱象鼻溞（*Bosmina fatalis*）是该湖区的特有优势种；赣江入湖区的角突臂尾轮虫（*Brachionus angularis*）优势度最高，扁平泡轮虫（*Pompholyx complanata*）和共趾腔轮虫（*Lecane sympoda*）为其特有优势种；南部中心湖区以角突臂尾轮虫、镰状臂尾轮虫和曲腿龟甲轮虫为主；三江入湖区无枝角类和桡足类优势种，晶囊轮属（*Asplanchna* sp.）、萼花臂尾轮虫（*Brachionus*

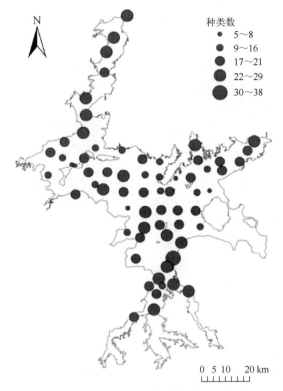

图 4.6　鄱阳湖浮游动物种类数空间分布

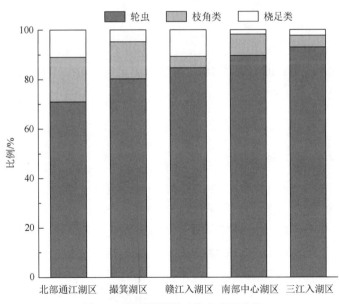

图 4.7　鄱阳湖浮游动物密度百分比

calyciflorus）和尾突臂尾轮虫（*Brachionus caudatus*）为特有优势种，主要优势种为角突臂尾轮虫、镰状臂尾轮虫、曲腿龟甲轮虫和等棘异尾轮虫（*Trichocerca similis*）。

分不同湖区来看，角突臂尾轮虫、镰状臂尾轮虫、剪形臂尾轮虫和曲腿龟甲轮虫在整个湖区广泛分布，为湖区的共有优势种且优势度普遍较高。从全湖来看（表 4.3），简弧象鼻溞（*Bosmina coregoni*）、颈沟基合溞（*Bosminopsis deitersi*）、剑水蚤幼体（*Cyclopoida larva*）、角突臂尾轮虫、裂足臂尾轮虫、镰状臂尾轮虫、剪形臂尾轮虫、有棘螺形龟甲轮虫（*Keratella cochlearis*）、曲腿龟甲轮虫和等棘异尾轮虫适应鄱阳湖夏季的水环境条件，是整个湖区范围的优势种，其中简弧象鼻溞、有棘螺形龟甲轮虫和曲腿龟甲轮虫的出现频率达到了 90% 以上。由于不同湖区的生境具有差异，其具有的优势种也有一定的区别。

表 4.3 鄱阳湖浮游动物优势种及优势度空间变化

优势物种		北部通江湖区	撮箕湖区	赣江入湖区	南部中心湖区	三江入湖区
简弧象鼻溞	*Bosmina coregoni*	0.096	0.080	0.021	0.043	—
脆弱象鼻溞	*Bosmina fatalis*	—	0.031			—
颈沟基合溞	*Bosminopsis deitersi*	0.023	0.036	—	0.020	
剑水蚤幼体	*Cyclopoida larva*	0.044	0.027	0.033	—	
无节幼体	*Nauplius*	0.044	—	0.024		
晶囊轮属	*Asplanchna* sp.	—		—		0.033
角突臂尾轮虫	*Brachionus angularis*	0.092	0.080	0.229	0.128	0.134
扁平泡轮虫	*Pompholyx complanata*			0.023		
萼花臂尾轮虫	*Brachionus calyciflorus*	—				0.027
尾突臂尾轮虫	*Brachionus caudatus*	—				0.051
裂足臂尾轮虫	*Brachionus diversicornis*			—	0.022	0.084
镰状臂尾轮虫	*Brachionus falcatus*	0.173	0.066	0.045	0.183	0.146
剪形臂尾轮虫	*Brachionus forficula*	0.027	0.027	0.036	0.041	0.036
有棘螺形龟甲轮虫	*Keratella cochlearis*	0.141	0.134	0.073	0.057	—
曲腿龟甲轮虫	*Keratella valga*	0.154	0.212	0.038	0.217	0.160
共趾腔轮虫	*Lecane sympoda*			0.025	—	
等棘异尾轮虫	*Trichocerca similis*	0.037	0.083	—	0.063	0.115

4.2.2 密度与生物量空间分布

鄱阳湖 7 月浮游动物平均密度为 263.5 个/L，平均生物量为 0.303 mg/L。在空间上，浮游动物平均密度从高到低依次为北部通江湖区（394.8 个/L）、南部中心湖区（283.3 个/L）、三江入湖区（262.9 个/L）、撮箕湖区（242.0 个/L）、赣江入湖区（123.8 个/L）；平均生物量从高到低依次为北部通江湖区（0.653 mg/L）、撮箕湖区（0.338 mg/L）、三江入湖区（0.283 mg/L）、南部中心湖区（0.258 mg/L）、赣江入湖区（0.095 mg/L）。北部通江湖区浮游动物平均密度和生物量最高，赣江入湖区平均密度和生物量最低（图 4.8 和表 4.4）。

轮虫群落占鄱阳湖浮游动物丰度的 70% 以上，而在大部分湖区，轮虫却不是生物量的主要贡献者，在北部通江湖区，枝角类占该湖区总生物量的 64.4%，桡足类占 26.7%，轮虫只占 8.9%；在撮箕湖区和南部中心湖区，枝角类都是浮游动物生物量主要贡献者；桡足类在赣江入湖区生物量高于枝角类和轮虫；轮虫仅在三江入湖区生物量最高，达到

0.168 mg/L。已有的研究表明，浮游动物群落结构组成趋向小型化，除受本身演替规律影响外，主要是受浮游植物等饵料生物的上行效应及鱼类摄食的下行效应影响。

曲腿龟甲轮虫在全湖采样点达到 3413 个，镰状臂尾轮虫为 2839 个，角突臂尾轮虫为 2433 个，且其出现频率都在 85%以上。螺形龟甲轮虫、臂尾轮虫为富营养水体的指示物种，表明该时期鄱阳湖浮游动物群落结构以耐污性较高的轮虫为主，水体存在一定程度的富营养状况（图 4.9）。

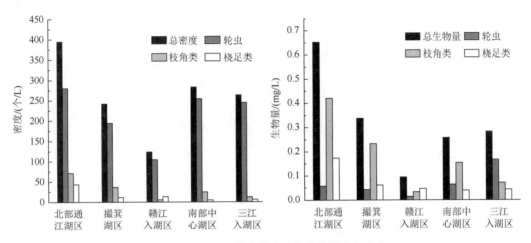

图 4.8　鄱阳湖浮游动物密度与生物量空间变化

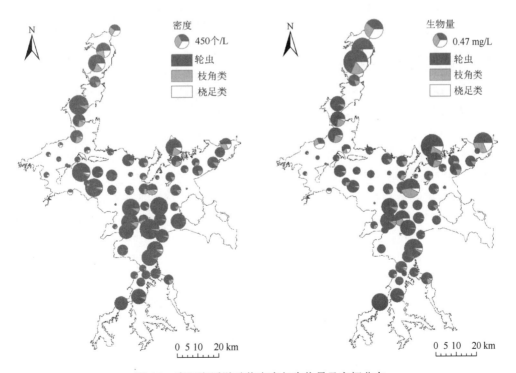

图 4.9　鄱阳湖浮游动物密度与生物量及空间分布

表 4.4　鄱阳湖主要浮游动物密度和生物量

主要物种		密度/ (个/L)	相对 丰度	生物量/ (mg/L)	相对生物量	频次	出现频率	全湖优 势度
简弧象鼻溞	*Bosmina coregoni*	1010.4	0.056	4.588	0.1113	63	0.926	0.052
脆弱象鼻溞	*Bosmina fatalis*	289.6	0.016	3.872	0.0940	58	0.853	0.014
颈沟基合溞	*Bosminopsis deitersi*	432.4	0.024	1.963	0.0477	61	0.897	0.022
剑水蚤幼体	*Cyclopoida larva*	452	0.025	2.055	0.0499	58	0.853	0.022
无节幼体	*Nauplius*	229	0.013	0.145	0.0035	31	0.456	0.006
角突臂尾轮虫	*Brachionus angularis*	2433	0.136	0.320	0.0078	60	0.882	0.120
蒲达臂尾轮虫	*Brachionus budapestiensis*	174	0.010	0.035	0.0009	32	0.471	0.005
萼花臂尾轮虫	*Brachionus calyciflorus*	171	0.010	0.364	0.0088	29	0.426	0.004
尾突臂尾轮虫	*Brachionus caudatus*	383	0.021	0.087	0.0021	42	0.618	0.013
裂足臂尾轮虫	*Brachionus diversicornis*	620	0.035	0.437	0.0106	44	0.647	0.022
镰状臂尾轮虫	*Brachionus falcatus*	2839	0.158	0.573	0.0139	61	0.897	0.142
剪形臂尾轮虫	*Brachionus forficula*	763	0.043	0.085	0.0021	56	0.824	0.035
无棘螺形龟甲轮虫	*Keratella cochlearis*	215	0.012	0.014	0.0003	46	0.676	0.008
有棘螺形龟甲轮虫	*Keratella cochlearis*	1421	0.079	0.015	0.0004	65	0.956	0.076
曲腿龟甲轮虫	*Keratella valga*	3413	0.190	1.041	0.0253	64	0.941	0.179
棘盖异尾轮虫	*Trichocerca capucina*	234	0.013	0.170	0.0041	47	0.691	0.009
圆筒异尾轮虫	*Trichocerca cylindrica*	236	0.013	0.101	0.0024	43	0.632	0.008
等棘异尾轮虫	*Trichocerca similis*	1293	0.072	0.275	0.0067	61	0.897	0.065

4.2.3　群落多样性分析

　　如图 4.10 所示，鄱阳湖浮游动物 Shannon-Wiener 指数（H'）平均为 2.15（变幅 1.34～2.72），北部通江湖区的 H' 最高为 2.38，赣江入湖区最低为 1.95；Margalef 丰富度指数（D）平均为 3.37（变幅 1.39～5.83），北部通江湖区最高（$H' = 3.73$）；Pielou 均匀度指数（J）平均为 0.75（变幅 0.53～0.91），北部通江湖区最高为 0.77。从图 4.11 鄱阳湖浮游动物群落多样性空间变化可以看出，在北部通江湖区、撮箕湖区和三江入湖区拥有更多 Shannon-Wiener 指数较高的采样点；Margalef 丰富度指数较高的采样点集中在北部通江湖区和三江入湖区；Pielou 均匀度指数较高的采样点在每个湖区都有分布，原因可能是在丰水期长江水补给鄱阳湖，与湖水混合后水体交换速度加快，江水对鄱阳湖水体产生净化作用，同时增加浮游动物的多样性；赣江入湖区多样性指数低于其他采样点，可能是由于修水与赣江入湖口水动力较强，不利于浮游动物栖息繁殖。

　　物种多样性既能反映群落结构的基本情况，也能揭示水质状况。Shannon-Wiener 指数反映了群落物种内部和种间分布的特性，Margalef 丰富度指数反映了群落中种类和个体的丰富度程度，Pielou 均匀度指数反映的是群落内各物种分布的均匀程度。根据多样性指数评价标准：H' 在 0～1 为重污，1～3 为中污，$H' > 3$ 为寡污或无污；D 在 0～1 为重污，1～3 为中污，$D > 3$ 为寡污或无污；J 在 0～0.3 为重污，0.3～0.5 为中污，$D > 0.5$ 为寡污或无污。本次调查中鄱阳湖 H' 变幅在 1.34～2.72，D 的变幅为 1.39～5.83，J 的变幅为 0.53～0.91，其浮游动物分布相对均匀，可推测鄱阳湖各采样点的水质处于寡污—中污状态。

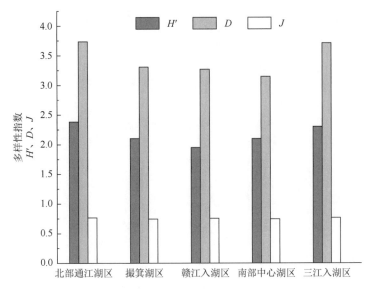

图 4.10 鄱阳湖浮游动物群落多样性指数

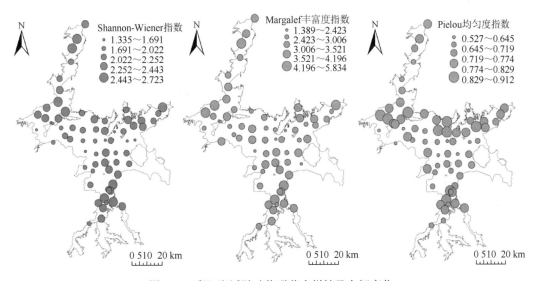

图 4.11 鄱阳湖浮游动物群落多样性及空间变化

4.2.4 环境因子主成分分析

从图 4.12 排序轴上看，第一轴特征根为 5.09，第二轴特征根为 2.95，前两轴共解释了 38.3%的环境因子差异。叶绿素 a、水深、NO_3^--N、风速、总氮和 PO_4^{3-}-P 是影响鄱阳湖的主要环境因子。北部通江湖区主要的环境影响因子是水深和氧化还原电位；撮箕湖区与风速呈正相关；赣江入湖区与水深、NO_3^--N 等环境因子呈明显的正相关，该湖区主要受到一些营养盐和水深的影响；南部中心湖区跨度较大，具有多样的水环境，与风速、NH_4^+-N、Cl^-等多种环境因子呈正相关；三江入湖区主要与总氮、总磷、水温这些环境因子呈正相关。

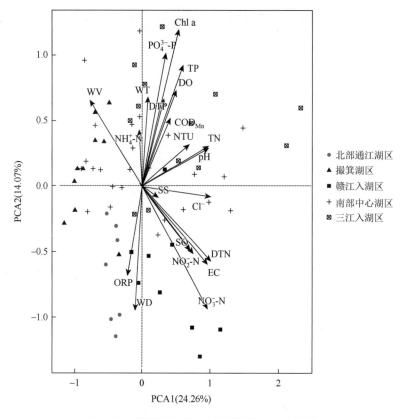

图 4.12　鄱阳湖各样点与环境因子 PCA 排序

DTN：溶解性总氮；DTP：溶解性总磷；EC：电导率；NO_2^--N：亚硝酸盐；NO_3^--N：硝酸盐；NTU：浊度；
ORP：氧化还原电位；PO_4^{3-}-P：磷酸盐；SS：悬浮物；WD：水深；WT：水温；WV：风速

4.2.5　冗余分析

通过前向选择对环境因子进行筛选（$P<0.05$），共筛选出 14 种环境因子；按照相对丰度＞1%，出现频率大于 25%，筛选出 18 种浮游动物，其中轮虫 13 种，枝角类 2 种，桡足类 3 种。在决策曲线分析（DCA）中得到排序轴梯度长度最大值为 1.476，所以选择冗余分析（RDA）。如图 4.13 所示，前两轴共解释了 62.09%的环境因子对浮游动物群落的变异程度。水深、水温、总磷、pH 和叶绿素 a 是影响浮游动物群落的关键环境因子。枝角类和桡足类主要受到水深的影响，简弧象鼻溞和有棘螺形龟甲轮虫在该种水环境下具有一定的竞争优势；角突臂尾轮虫、镰状臂尾轮虫和曲腿龟甲轮虫与水温呈高度正相关，具有明显的种群优势，当水温较低时，浮游动物密度也较低，随着水温的持续降低，枝角类数量减少甚至消失。温度也是影响浮游动物选择性摄食食物的主要原因，已有研究发现，浮游动物在高温条件下偏好摄食碳含量高的自养生物，低温条件下偏好摄食异养生物。

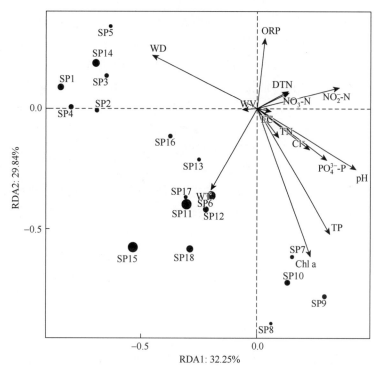

SP1：简弧象鼻溞（*Bosmina coregoni*）；SP2：脆弱象鼻溞（*Bosmina fatalis*）；SP3：颈沟基合溞（*Bosminopsis deitersi*）；SP4：剑水蚤幼体（*Cyclopoida larva*）；SP5：无节幼体（*Nauplius*）；SP6：角突臂尾轮虫（*Brachionus angularis*）；SP7：蒲达臂尾轮虫（*Brachionus budapestiensis*）；SP8：萼花臂尾轮虫（*Brachionus calyciflorus*）；SP9：尾突臂尾轮虫（*Brachionus caudatus*）；SP10：裂足臂尾轮虫（*Brachionus diversicornis*）；SP11：镰状臂尾轮虫（*Brachionus falcatus*）；SP12：剪形臂尾轮虫（*Brachionus forficula*）；SP13：无棘螺形龟甲轮虫（*Keratella cochlearis*）；SP14：有棘螺形龟甲轮虫（*Keratella cochlearis*）；SP15：曲腿龟甲轮虫（*Keratella valga*）；SP16：棘盖异尾轮虫（*Trichocerca capucina*）；SP17：圆筒异尾轮虫（*Trichocerca cylindrica*）；SP18：等棘异尾轮虫（*Trichocerca similis*）

图 4.13　浮游动物主要种属与环境因子 RDA 排序

　　温度和食物是影响浮游动物群落变化的主要因素，轮虫个体较小、生命周期短，通常对水体营养级的响应相对枝角类和桡足类更敏感。蒲达臂尾轮虫、裂足臂尾轮虫、萼花臂尾轮虫和尾突臂尾轮虫与叶绿素 a 及总磷呈正相关，其中蒲达臂尾轮虫和裂足臂尾轮虫与叶绿素 a 高度相关，主要受到水体中叶绿素 a 的影响，是水体富营养化的指示物种。

4.3　底　栖　动　物

4.3.1　种类组成

　　2020 年四个季度定量样品中共发现底栖动物 40 种，其中软体动物种类最多，共计 20 种，包括双壳类 13 种和腹足类 7 种；水生昆虫次之，共计 13 种，主要为摇蚊科幼虫；水栖寡毛类较少，共 2 种；多毛类采集到 1 种，为寡鳃齿吻沙蚕；大螯蜚等其他种类 4 种。

鄱阳湖底栖动物密度和生物量被少数种类所主导。密度方面，河蚬、大螯蜚、淡水壳菜、寡鳃齿吻沙蚕、梯形多足摇蚊的相对密度较高，分别为41.08%、14.63%、13.99%、7.40%、3.74%，平均密度分别为98.35 个/m²、35.02 个/m²、33.48 个/m²、17.71 个/m²、8.96 个/m²。生物量方面，软体动物个体较大，河蚬、洞穴丽蚌、背瘤丽蚌、扭蚌、铜锈环棱螺等软体动物在总生物量中占据优势，分别占总生物量的43.57%、14.47%、11.70%、12.65%、2.32%，平均生物量分别为77.677 g/m²、25.804 g/m²、20.852 g/m²、22.559 g/m²、4.129 g/m²（表4.5）。从各物种的出现频率来看，河蚬、寡鳃齿吻沙蚕、苏氏尾鳃蚓、淡水壳菜、大螯蜚是较为常见的种类。综合底栖动物的密度、生物量及各物种的出现频率，利用优势度指数确定优势种类，结果表明底栖动物第一优势种为河蚬，优势度远高于其他种类，淡水壳菜、大螯蜚、寡鳃齿吻沙蚕、铜锈环棱螺、苏氏尾鳃蚓等种类优势度也较高。

表 4.5　2020 年鄱阳湖底栖动物主要种类密度和生物量

种类		平均密度 / (个/m²)	相对密度 /%	平均生物量 / (g/m²)	相对生物量 /%	出现频率	优势度
寡毛纲	霍甫水丝蚓	6.78	2.83	0.014	0.01	8	22.7
	苏氏尾鳃蚓	7.49	3.13	0.168	0.09	13	41.9
多毛纲	寡鳃齿吻沙蚕	17.71	7.40	0.091	0.05	13	96.9
昆虫纲	黄色羽摇蚊	1.77	0.74	0.007	<0.01	3	2.2
	梯形多足摇蚊	8.96	3.74	0.003	<0.01	6	22.5
甲壳纲	大螯蜚	35.02	14.63	0.051	0.03	11	161.2
腹足纲	铜锈环棱螺	3.71	1.55	4.129	2.32	10	38.7
	长角涵螺	1.31	0.55	0.296	0.17	6	4.3
	大沼螺	4.63	1.94	1.978	1.11	2	6.1
	耳河螺	1.06	0.44	2.723	1.53	1	2.0
	方格短沟蜷	2.62	1.09	0.519	0.29	9	12.5
双壳纲	河蚬	98.35	41.08	77.677	43.57	15	1269.8
	淡水壳菜	33.48	13.99	2.290	1.28	12	183.2
	背瘤丽蚌	0.19	0.08	20.852	11.70	3	35.3
	洞穴丽蚌	0.94	0.39	25.804	14.47	2	29.7
	扭蚌	1.36	0.57	22.559	12.65	2	26.4

注：相对密度和相对生物量分别为某一物种占总密度和总生物量的百分比，出现频率为某物种在 15 个采样点的出现频次，优势度＝（相对密度＋相对生物量）×出现频率。

4.3.2　密度和生物量

鄱阳湖底栖动物年平均密度和生物量空间分布具有一定的差异。密度方面，各采样点平年均密度介于52.4～977.7 个/m²，平均值为246.0 个/m²。低值出现在赣江入湖口和修水监测点，分别为52.4 个/m²和86.2 个/m²，赣江入湖口监测点水流较急，底质主要为沙质，因而底栖动物较少，这与前几年的监测结果类似。生物量方面，年平均值介于 24.3～469.9 g/m²，平均值为 117.2 g/m²。生物量低值亦主要出现在蚌湖口、修水、赣江入湖口等。

从不同类群底栖动物所占比重可以看出。密度方面，大部分点位密度为双壳类（主要是河蚬）所主导（图 4.14），介于 23.1%～81.4%，腹足类、水生昆虫在大部分点位也占据一定比例密度，其在各样点所占比例均值分别为 7.75%、7.3%。多毛类的寡鳃齿吻沙蚕在都昌至湖口的通江水域所占比重较高，该物种属于河口海洋性种类，在鄱阳湖的广泛分布是因为鄱阳湖与长江连通，该物种可随水流扩散至鄱阳湖，表明江湖连通在维持物种多样性方面的重要作用。生物量方面，由于软体动物个体较大，双壳类和腹足类在各监测点占据绝对优势，各样点分别占总生物量的比例介于 49.7%～99.4%、0%～49.7%，均值分别为 88.3%、10.9%。相比之下，腹足类较双壳类在生物量中所占比重较低，其较低的优势度是因为其摄食方式主要为刮食，通过刮食基质和水生植物上附着生物或沉积物表层的有机碎屑，而鄱阳湖主湖区的底质条件不稳定、含沙量高，不利于其摄食。寡毛类、多毛类及水生昆虫（主要是摇蚊幼虫）由于个体小、密度低，其在总生物量所占比重均较低。

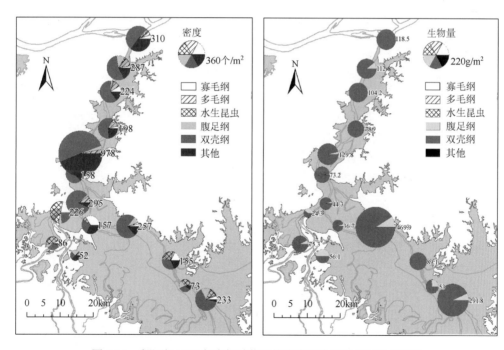

图 4.14　鄱阳湖 2020 年底栖动物平均密度和生物量空间分布格局

4.3.3　关键环境影响因子

DCA 结果表明第 1 轴的轴长 5.24，因此选择单峰模型典型相关分析（CCA）（图 4.15）。与沉积物参数作 CCA 筛选出 2 个环境因子，第 1 轴与烧失量（LOI）相关性较高，第 2 轴与砂（>63μm）相关性较高，CCA 第 1 轴和第 2 轴的特征值分别为 0.241 和 0.161，共解释

10.4%的物种数据方差变异和44.07%的物种-环境关系变异。底栖动物密度与水体理化因子CCA最终筛选出5个环境因子。第1轴与水深、Chl a、TP、DO相关性较高，第2轴与浊度相关性较高，CCA的第1轴和第2轴的特征值分别为0.318和0.293，共解释11.2%的物种数据方差变异和33.95%的物种-环境关系变异（表4.6）。

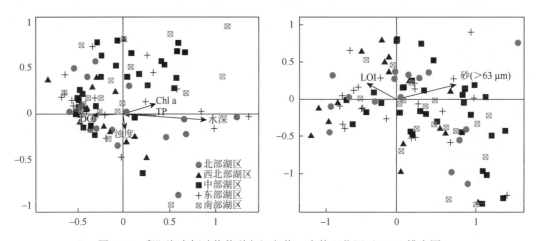

图4.15　鄱阳湖底栖动物物种与沉积物、水体理化因子CCA排序图

表4.6　底栖动物群落与环境因子的典范对应分析结果

	项目	第1轴	第2轴	第3轴	第4轴
沉积物	特征值	0.241	0.161	0.036	0.152
	物种-环境关系	0.862	0.754	0.829	0.728
	物种数据方差变异累计百分比/%	7.8	10.4	15.3	20.5
	物种-环境关系变异累计百分比/%	26.29	44.07	51.32	58.92
	砂/%	0.63	0.24	0.15	−0.04
	LOI	−0.46	0.26	−0.11	0.27
水体理化因子	特征值	0.318	0.293	0.078	0.063
	物种-环境关系	0.803	0.687	0.582	0.475
	物种数据方差变异累计百分比/%	9.3	11.2	13.8	17.3
	物种-环境关系变异累计百分比/%	21.06	33.95	47.64	55.21
	水深	0.77	−0.08	−0.12	0.43
	Chl a	0.35	0.18	−0.42	0.04
	TP	0.36	−0.01	0.23	0.11
	DO	−0.38	−0.01	0.16	0.23
	浊度	0.02	−0.17	−0.12	−0.07

4.3.4　底栖动物群落演变

根据历史调查资料和近年监测结果，对比发现底栖动物的总密度和生物量呈降低趋势，

但这种趋势在不同生物类群间存在差异。其中软体动物降低趋势最为明显,从 1992 年 578 个/m² 降低至 2020 年的 142 个/m²,水生昆虫的密度也有降低的趋势,相比之下,环节动物的密度变化不大(表 4.7)。进一步分析不同年份底栖动物的类群组成,发现软体动物一直是鄱阳湖底栖动物的优势类群,占据总密度的 61.6%~79.3%,表明底栖动物门类组成方面未发生显著变化。底栖动物中寡毛类是水质有机物污染的指示生物。相关研究认为颤蚓类的密度低于 100 个/m² 时水体污染程度轻,2012~2020 年调查结果及历史资料中寡毛类密度全湖均低于 100 个/m²,表明鄱阳湖底质有机污染程度较低。

表 4.7 鄱阳湖底栖动物密度和生物量变化趋势

年份	软体动物		环节动物		水生昆虫		总量	
	密度 / (个/m²)	生物量 / (g/m²)	密度 / (个/m²)	生物量 / (g/m²)	密度 / (个/m²)	生物量 / (g/m²)	密度 / (个/m²)	生物量 / (g/m²)
1992	578	249	56	0.58	90	0.96	724	250
1998	342	149	94	0.4	106	1.15	555	151
2004	213	—	29	—	46	—	313	—
2008	172	244	38	0.3	12	1.26	223	246
2012	149	169	36	0.39	21	0.19	228	131
2016	147	123	25	0.26	16	0.16	205	124
2020	142	117	29	0.25	18	0.09	246	117

分析不同年代底栖动物的优势种发现,与 1992 年相比,底栖动物优势种发生了较大变化。1992 年底栖动物优势种种类较多,且包括较多的大型软体动物蚌类。现阶段底栖动物优势种明显减少,且部分耐污种(如苏氏尾鳃蚓、霍甫水丝蚓)亦在部分水域成为优势种。相关研究表明,近 30 年来由于环境变化及人类活动对鄱阳湖的干扰愈加频繁,底栖动物的资源状况发生了变化,尤其是淡水蚌类受威胁最为严重,许多种类已很难采到活体标本,如龙骨蛏蚌、巴氏丽蚌等(表 4.8)。鄱阳湖大型底栖动物的密度在逐渐减少,特别是软体动物的密度大幅度下降。不同类群底栖动物对底质的喜好差异较大。一般而言,颤蚓类和摇蚊幼虫喜好栖居于淤泥底质中,而双壳类喜好栖居于砂质淤泥中。这种变化预示着鄱阳湖的环境变化改变了底栖动物的群落结构,其主要原因可能是鄱阳湖近年来大规模地采砂破坏了底栖动物的栖息环境,其对大个体软体动物蚌类危害可能更大,一方面采砂可能将蚌类直接取走,此外,蚌类生活史周期长,频繁的干扰不利于其完成整个生活史过程。研究发现高浓度无机悬浮颗粒物可能会显著降低蚌存活率,主要原因是影响其滤食。相反,小个体软体动物、寡毛类、摇蚊幼虫对环境的适应能力更强,特别是寡毛类和摇蚊幼虫,喜好栖居于淤泥底质,采砂后留下的细颗粒沉积物更有利于其生长繁殖。研究发现颤蚓类喜好栖居于粒径小于 63μm 的底质中。细颗粒沉积物的输入较粗颗粒沉积物对底栖动物危害更大,主要表现在影响软体动物的摄食率、生长率,并通过影响沉积物孔隙度进而降低溶氧含量和侵蚀深度,改变了表层沉积物的生物地球化学过程,并对底栖动物的生物扰动过程产生不利影响。

表 4.8　鄱阳湖底栖动物优势种组成变化

年份	优势种	文献
1992	河蚬、环棱螺、淡水壳菜、方格短沟蜷、萝卜螺、背瘤丽蚌、洞穴丽蚌、天津丽蚌、圆顶丽蚌、矛蚌、鱼尾楔蚌、扭蚌、背角无齿蚌、三角帆蚌、褶纹冠蚌、摇蚊幼虫和水丝蚓等	谢钦铭等，1995
1998	河蚬、多鳃齿吻沙蚕、豆螺科（纹沼螺、长角涵螺）、钩虾	Wang et al.，1999
2007	河蚬、多鳃齿吻沙蚕、环棱螺、苏氏尾鳃蚓、大沼螺、长角涵螺、方格短沟蜷	欧阳珊等，2009
2012	河蚬、多鳃齿吻沙蚕、淡水壳菜、钩虾、苏氏尾鳃蚓、环棱螺	Cai et al.，2014
2016	河蚬、淡水壳菜、铜锈环棱螺、寡鳃齿吻沙蚕、大沼螺、大螯蜚	未发表数据
2020	河蚬、淡水壳菜、大螯蜚、寡鳃齿吻沙蚕、铜锈环棱螺、苏氏尾鳃蚓	未发表数据

4.4　鱼类与江豚

4.4.1　鱼类群落结构

鄱阳湖独特的水文特征与江湖关系，以及复杂多样的生境条件，为丰富多样性的鱼类提供了适宜的栖息地条件，典型的有"四大家鱼"（青鱼、草鱼、鲢、鳙）等河海洄游性、河湖洄游性鱼类，其在长江中自然繁育后进入鄱阳湖育肥、生长、越冬，鄱阳湖为其提供洄游通道或繁殖场所。历史上鄱阳湖鱼类资源十分丰富，根据文献资料记载，鄱阳湖共有鱼类约 134 种，隶属于 12 目 26 科 78 属，其中鲤科鱼类占据绝对优势地位，鳅科和鳅科鱼类也较为丰富。2012～2013 年对鄱阳湖主湖区鱼类资源考察，仅监测到鱼类 89 种；2019 年鄱阳湖湖区共监测到鱼类 78 种，主要渔获物种类为"四大家鱼"、鲤、鲫、鲇、黄颡鱼、鳜、鲌等；2021 年 5 月对鄱阳湖主湖区进行鱼类监测，单次监测共采集到鱼类 43 种，其中优势种为似鳊、光泽黄颡、鲫、贝氏鳘、鲤、短颌鲚、兴凯鱊、斑条鱊。

现阶段鄱阳湖鱼类多样性相比历史时期明显下降，物种数不超过 100 种（表 4.9），其主要由鲤科、鳅科和鳅科组成，物种多样性均比历史时期低，且以湖泊定居型鱼类居于绝对优势地位，占比 79.18%；江湖洄游性鱼类次之，占比 14.69%；河流型鱼类占比 6.12%，主要分布在各支流；河海洄游性鱼类较少。从食性上看，鄱阳湖鱼类以浮游生物和底栖生物食性的鱼类个体数量占比较多，重量最大，肉食性鱼类较少。综合来看，1990 年以前物种较为丰富，1990 年以后新发现物种仅占 4 种，而未发现物种则有 30 余种，物种多样性下降明显，特别是洄游性鱼类种群规模衰减严重（表 4.9）。

表 4.9　鄱阳湖不同时期各科鱼类物种数

科名	物种数		
	1990 年以前	20 世纪 90 年代	21 世纪 10 年代
1. 鲟科（Acipenseridae）	1	0	0
2. 匙吻鲟科（Polyodontidae）	1	0	0
3. 鲱科（Clupeidae）	1	1	1

续表

科名	物种数		
	1990 年以前	20 世纪 90 年代	21 世纪 10 年代
4. 鳀科（Engraulidae）	2	2	2
5. 银鱼科（Salangidae）	4	4	3
6. 鳗鲡科（Anguillidae）	1	1	1
7. 胭脂鱼科（Catostomidae）	1	0	1
8. 鲤科（Cyprinidae）	67	55	55
9. 鳅科（Cobitidae）	9	5	8
10. 平鳍鳅科（Homalopteridae）	1	0	0
11. 鲇科（Siluridae）	2	2	2
12. 胡子鲇科（Clariidae）	1	1	1
13. 鲿科（Bagridae）	12	8	9
14. 钝头鮠科（Amblycipitidae）	4	2	1
15. 鮡科（Sisoridae）	1	1	0
16. 鳉鱼科（Cyprinodontidae）	1	1	1
17. 鱵科（Hemiramphidae）	1	1	1
18. 合鳃鱼科（Synbranchidae）	1	1	1
19. 鮨科（Serranidae）	5	5	4
20. 塘鳢科（Eleotridae）	3	2	2
21. 虾虎鱼科（Gobiidae）	2	3	1
22. 斗鱼科（Belontiidae）	2	1	2
23. 鳢科（Channidae）	2	2	2
24. 刺鳅科（Mastacembelidae）	1	1	1
25. 舌鳎科（Cynoglossidae）	2	0	1
26. 鲀科（Tetraodontidae）	2	0	0
总计	130	99	100

4.4.2　鱼类资源演变趋势

根据钱新娥等（2002）以及 Wang 等（2014）统计研究，1990 年以前，鄱阳湖鱼类年渔获量维持在 1.002 万～2.99 万 t（1954 年除外），常年比较稳定；1990～1999 年鄱阳湖鱼类年渔获量均超过 3 万 t，1996 年达到 5.889 万 t，1998 年达历史最高峰的 7.191 万 t。2000～2009 年鄱阳湖渔获量整体上比较平均，维持在（3.0±0.65）万 t 的水平。根据《长江流域渔业生态公报（2018 年）》《长江流域水生生物资源及生境状况公报（2019 年）》，2018 年、2019 年鄱阳湖天然捕捞总产量分别为 2.8 万 t、2.9 万 t。鄱阳湖鱼类资源主要由"四大家鱼"、鲤、鲫、鲇、黄颡鱼、鳜、翘嘴鲌及短颌鲚等组成，以湖泊定居性鱼类为主。在 2000～2009 年这十年间，渔获物中鲴类产量占比极小，"四大家鱼"占比相对历史时期逐渐下降，从 20 世纪的 16.29%下降至 6.96%，其中 2006 年最低，为 6.46%；鲚类在 2001 年以后基本难以达到规模渔获量，在禁渔政策的保护下，近些年有所恢复，尤其是在长江全流域禁渔之后的 2020 年和 2021 年，恢复趋势明显；鲤、鲇等深水鱼类渔获量稳步增加；鳊鲌类渔获量占比较为稳定；黄颡鱼类产量则呈现出一定的波动。

统计表明，江西省淡水鱼类养殖品种主要包括"四大家鱼"、鲫、鳊、泥鳅、黄颡鱼、鳜、黄鳝、鲈、银鱼等；渔获物品种主要由"四大家鱼"、鲤、鲫、鲇、黄颡鱼、鳜、翘嘴鲌及短颌鲚等组成，以湖泊定居性鱼类为主；渔获物中"四大家鱼"1891.52 t，占捕捞总量的 6.64%。1959 年"四大家鱼"在鄱阳湖渔获物中占 10%~15%，但 2022 年只有 7%左右，"四大家鱼"所占比例明显下降。预计鄱阳湖湖控工程实施后，鄱阳湖后冬季低水位相应增高、湖面扩大，洲滩地面积相应减少，这一变化有利于湖泊定居性鱼类越冬，但对依赖水生植物产卵、觅食、栖息的鱼类（如鲤）来说，则产生不利影响；同时，人工闸坝阻碍鱼类的洄游通道，影响鄱阳湖鱼类与长江鱼类种群江湖交流。研究表明，长江鱼苗对鄱阳湖"四大家鱼"资源的影响力正在下降，刘绍平等（2004）通过分析发现，长江鲢卵苗发生总量及相对比例均显著下降：1964 年为 13.5%，1965 年达 31%，而自 1981 年葛洲坝截流以来一直未超过 3%，甚至达 0.3%，2001 年仅占 2.4%。与 20 世纪 70 年代相比，渔获物的数量和规格均发生较大改变，其中江湖半洄游性鱼类鲢所占比例分别为 1.40%、5.37%、3.95%，数量明显下降。

栖息地生境方面，鄱阳湖的水位季节性消长产生的大面积湿地等生境为鲤、鲫等鱼类提供了良好的产卵、觅食场所（常剑波和曹文宣，1999）。根据中国科学院 1963~1964 年对鄱阳湖水产资源普查结果，鄱阳湖南部主要鲤产卵场有 33 处，其中 14 个湖区为良好产卵场，10 个湖区为较好产卵场，9 个湖区为较差产卵场；20 世纪 70 年代初，由于围垦筑圩，水文变化，捕捞强度增加，禁渔期、禁渔区执行不严，湖区自然环境发生变化，南部鲤鱼产卵场也随之发生变迁。到 20 世纪 80 年代，鄱阳湖鲤鱼产卵场仍然有 29 处，面积 417.89 km^2；但是 2013 年 3~5 月对鄱阳湖鲤、鲫产卵场进行现场考察发现，目前鄱阳湖鲤、鲫鱼产卵场有 33 处，总面积大幅萎缩，约 379.19 km^2。2018 年调查显示，鄱阳湖有鲤、鲫鱼产卵场 29 处，产卵场面积约 355 km^2。

4.4.3 江豚种群变化趋势

江豚（*Neophocaena phocaenoides*）俗称"江猪"，是一种小型齿鲸，为窄脊江豚的一个亚种，是豚类唯一的淡水亚种，仅生活在长江中下游及其大型通江湖泊（主要为洞庭湖和鄱阳湖），鄱阳湖是长江江豚重要的栖息地之一。受生存空间的压缩，栖息地环境质量的下降，以及饵料资源匮乏等不利因素的影响，长江江豚种群数量规模不断萎缩，2013 年起被列为极度濒危物种，2021 年被调整为国家一级保护野生动物。根据张先锋等（1993）的研究结果，20 世纪 90 年代，长江中下游江豚数量约为 2700 头；根据傅培峰等（2017）的研究结果，2005~2006 年长江江豚数量约为 1800 头，其中丰水期鄱阳湖约有 380 头；中国科学院水生生物研究所（以下简称中科院水生所）发布的《2012 年长江淡水豚考察报告》显示，从宜昌至长江口的长江江段估算种群数量为 505 头，沿长江纵向呈集群性分布，鄱阳湖和洞庭湖分别为 450 头和 90 头，共计 1045 头；就长江干流而言，中科院水生所

2006 年考察估算结果为 1225 头，2012 年种群数量下降幅度超过 50%，年均下降速率达到 13.73%。根据《长江流域渔业生态公报（2018 年）》，2017 年长江江豚数量约为 1012 头，其中长江干流 445 头，洞庭湖 110 头，鄱阳湖 457 头。2022 年 5 月，调查估算表明鄱阳湖内的长江江豚数量增至 700 余头。总体来看，十余年来鄱阳湖江豚种群数量总体稳定，但江豚的濒危状态没有根本改变，其保护形势依然相当严峻。

长江江豚对栖息地的选择较为严格，对生境的变化敏感，多栖息于河流汊湾处、支流河口、湖口与长江交汇处，具有一定的集群特性，主要捕食中上层鱼类，鄱阳湖区长江江豚在不同时期食性不同，其中年内较长时间主要以半洄游性鱼类为食，3 月则以非洄游鱼类为主要捕食对象。鄱阳湖流域江豚主要分布在主湖区，赣江、信江、抚河等主要支流的中下游和支流入湖的湖口附近亦有分布，其种群数量及分布区域随季节、水位、鱼类资源的变化而呈现出相应的动态变化。根据肖文和张先锋（2002）研究结果，20 世纪末鄱阳湖江豚为 100～400 头，主要分布在鄱阳湖湖区及赣江、信江、抚河等主要支流的中下游和支流入湖的湖口附近。受鄱阳湖的水文条件变化的影响，鄱阳湖区长江江豚的分布也呈现出一定的时空变化——冬季江豚主要分布于鄱阳湖东南湖区，以及赣江、抚河、信江等支流；春季江豚主要分布于都昌至瓢山的主航道及信江下游康山河；夏季考察发现江豚较少；秋季集中分布在朱袍山至黄尖咀、大矶山至星子，以及鞋山至湖口大桥等湖区。不同季节分布区域的变化及种群数量的差异显示鄱阳湖长江江豚可能存在较大规模的迁徙行为，张先锋等（1993）发现在鄱阳湖湖口水域长江江豚的种群数量存在季节性差异，具体表现为冬季明显高于春季。

4.4.4　驱动因素分析

鄱阳湖与长江和赣江、抚河、信江、饶河、修水等构成了一个独特的江湖生态系统，江湖相互影响相互依赖，为鱼类提供多样化的适宜的栖息地环境。但是受湖区航运、采砂、垦殖、过度捕捞，以及汇水区水利工程设施建设（特别是上游支流）、水污染等人类活动的影响，鄱阳湖面临着生境萎缩、片段化，栖息地恶化等问题，鱼类资源量明显下降，群落结构低龄化和小型化趋势明显。主要驱动因素可以归纳为以下几个方面。

（1）过度捕捞。酷渔滥捕是鱼类资源衰退的主要原因，随着渔船、网具等捕捞技术的进步，以及堑秋湖作业的屡禁不绝，鄱阳湖鱼类资源受到极大威胁；近几十年来，鄱阳湖渔业资源一直处于过度开发的状态。分析显示，鄱阳湖渔获物群体结构向低龄化、小型化、低质化发展。

（2）大规模采砂。采砂是鄱阳湖湖区鱼类资源和鱼类多样性显著下降的重要因素之一。洄游鱼类的通道被阻，致使溯河性的河蟹、鳗鲡、鲥鱼，以及在江湖之间洄游的青鱼、草鱼、鲢、鳙等经济鱼类资源锐减，鲥鱼已近绝迹。采砂会影响到一些鱼类的正常繁殖。例如，鲤类、鲂类等一些鱼产黏性卵，靠黏在水草等物体上完成孵化，悬浮泥沙使黏性卵沉入湖底，造成无法孵化。浑浊水体使湖内的初级生产量降低，鱼类的饵料短缺。悬浮泥沙堵塞鱼类的鳃和呼吸孔，尤其对鱼苗的呼吸更为有害。

（3）水质恶化。随着周边经济发展、人口增加，鄱阳湖水域点源、面源污染加剧，局部水域污染事件时有发生。鄱阳湖湖区水质受河流径流及浮游植物的影响较大，目前磷污染比较严重，尤其是枯水季；水体营养状态因水域不同而呈现不同富营养化状态，其中，河道水域富营养化状态较为严重。水污染及水体富营养化严重影响了鱼类生物多样性的维持，对水质要求较高的鱼类种群的生存和繁殖影响尤为严重。

（4）水文情势变化。鄱阳湖长期低枯水位是鱼类资源衰退的重要自然因素，2000年以后，受气候变化和上游水利工程运行影响，鄱阳湖低枯水位提前或延长的情况频频发生，甚至部分湖区水域低于枯水期历史最低水位。异常的枯水位导致湖区鱼类资源和江豚的生存环境受到压缩，直接导致渔业资源量下降。此外，水位降低导致各种人类活动和水生生物栖息地空间重叠，水生生物趋于向深水区集中的趋势，深水区航运和采砂等高强度人类活动对鱼类资源产生威胁。

（5）河湖生境连通性下降。流域内大型水利工程和气候变化的双重影响，不仅改变了鄱阳湖水文情势，并导致河流连通性下降，水生生物生境阻隔，使得河流、湖泊生态系统片段化，人为地阻隔原有种群的基因交流，阻断鱼类的洄游路线。20世纪以来，在赣江、抚河等大型河流兴建的水利枢纽工程，导致半洄游性"四大家鱼"不能进入江河产卵，江河鱼苗不能进入湖区育肥，阻隔了鱼类洄游通道。此外，一些地方筑堤围湖、堵塞河道，破坏了湖区生态环境，阻碍了鱼类洄游、繁殖，严重影响了鱼类的群体补充。例如，赣江现阶段鲥鱼种群数量极低，属于功能性消失，与早期的赣江干流的多个水利设施建设、过度捕捞、水环境污染等原因分不开。赣江峡江段是重要产卵场，水利枢纽工程建设后，大坝截断河流，对洄游性鱼类最直接的影响是切断其洄游通道，使一些需要洄游到河道上游产卵的鱼类无法产卵，将导致数量明显下降。

4.5 小　结

（1）2020年及2019年夏季鄱阳湖浮游植物调查结果显示，物种数以绿藻门、硅藻门和蓝藻门为主，约占总物种数的82.5%。浮游植物细胞丰度年均值122万个/L，生物量年均值0.55 mg/L。夏季调查结果显示，浮游植物在空间分布上主湖区丰度均值为524.2万个/L，主要以蓝藻门和绿藻门占优。主湖区浮游植物生物量均值为2.72 mg/L。鄱阳湖主湖区浮游植物丰度和生物量显著低于周边阻隔湖泊，且阻隔湖泊蓝藻门丰度和生物量占比更高。水体营养状态、电导率等因子与夏季浮游植物空间分异特征显著相关，并在湖湾、湖汊等局部水域出现蓝藻水华聚集现象。与历史资料相比，鄱阳湖浮游植物群落发生明显演替现象，其中包括细胞丰度和生物量的增加，物种数减少，群落经历绿藻为主到硅藻占优再到蓝藻具备优势的三个阶段。优势种由1987年的纤维藻、盘星藻和栅藻等绿藻门浮游植物转变为当前的微囊藻、鱼腥藻等蓝藻门浮游植物。

（2）北部通江湖区和三江入湖区的浮游动物物种多样性丰富，群落结构较为复杂；赣江入湖区浮游动物丰度和多样性较低，可能受到入湖口水动力条件的限制。浮游动物群落分布主要受到水深、水温和叶绿素a的作用，其中曲腿龟甲轮虫、镰状臂尾轮虫和角突臂尾轮虫等富营养水体指示种在全湖范围内分布广泛且丰度较高，结合群落多样性指数分析，指示鄱阳湖夏季水体处于寡污—中污状态，部分区域存在向富营养发展的趋势。

（3）鄱阳湖调查定量样品共采集大型底栖动物 40 种，平均密度为 246.0 个/m²，平均生物量为 117.2 g/m²，底栖动物的主要优势种为河蚬、淡水壳菜、大螯蜚、寡鳃齿吻沙蚕、铜锈环棱螺、苏氏尾鳃蚓，不同湖区的种类数、优势种均存在显著差异。空间上，水深、溶解氧、浊度、总磷、叶绿素 a、烧失量和底质类型是鄱阳湖底栖动物群落结构的显著影响因子。

与 20 世纪 90 年代相比，鄱阳湖底栖动物的物种数呈下降的趋势，优势种从大型软体动物逐渐演变成小型软体动物，部分区域耐污类群优势度高，鄱阳湖底栖动物群落结构变化可能与水体富营养化、采砂、水文情势变化、水生植被衰退等因素有关。

（4）文献资料记载鄱阳湖共有鱼类约 134 种，近期调查显示鄱阳湖累计物种数不超过 100 种，且以湖泊定居型鱼类居于绝对优势地位，占比 79.18%，与历史相比，鱼类损失率为 25.4%，河海洄游性鱼类物种损失较多，鲤科中的雅罗鱼亚科、鲹鲅亚科和鲌亚科、鳅科、钝头鮡科、虾虎鱼科和鲀科减少。

鄱阳湖鱼类资源呈衰退趋势，表现为鱼类资源小型化、低龄化、低质化发展趋势。现阶段鱼类资源结构主要由“四大家鱼”、鲤、鲫、鲇、黄颡鱼、鳜、翘嘴鲌及短颌鲚等组成，以湖泊定居性鱼类为主。长期来看，过度捕捞、大规模采砂、水质恶化、长期低枯水位、河湖连通性下降等因素是鱼类资源衰退的重要因素。

鄱阳湖是长江江豚重要的栖息地之一，种群数量约 450 头，近年来种群数量总体稳定，前期无序挖砂及过度捕捞等造成的栖息地丧失及质量下降、鱼类资源衰退和直接导致的伤亡等是长江江豚生存的主要威胁因素。

第5章 洲滩湿地生态系统演变趋势

鄱阳湖水位具有季节性变化极大的特点,高、低水位之间具有广阔的洲滩。洲滩可分为沙滩、草洲和泥滩,高程 14～18 m 多为草洲,植被指数 0.2 以上的草洲面积为 1552 km²,14 m 以下多为泥滩,沙洲面积很小,仅分布于主航道两侧。鄱阳湖湿地高等植物约 600 种,其中湿地植物 193 种,占本区高等植物总数的 32%。全湖都有植物生长,从岸边至湖心,随着湖底高程和相应水深的变化,植被类型呈现出有规律的环带状变化。其中洲滩湿地植被沿高程从高至低依次分布芦苇/南荻群落、蒌蒿群落、灰化薹草群落、蓼草群落等。

5.1 洲滩湿地土壤

不同植被带洲滩土壤有机碳含量显示了显著的差异性。其中蒌蒿带土壤有机碳含量年际变化在 16.4～22.9 g/kg,年均为 19.2 g/kg。灰化薹草带土壤有机碳含量平均为 20.37 g/kg,略高于蒌蒿带,年际变化在 16.0～22.5 g/kg。蓼草带和泥滩带有机碳平均含量分别为 13.4 g/kg 和 10.2 g/kg,显著低于蒌蒿带和灰化薹草带。这显示出土壤有机碳含量在高滩植被带富集量高于低滩植被带,这与高滩植被具有更长的生长周期及更高的生物量有关。土壤有机碳主要来自植物凋落物、根系分解分泌及土壤微生物活动。鄱阳湖典型洲滩地表生物量越高,土壤有机碳含量也越高,表明植物对土壤有机碳的富集起到关键作用,也是湿地固碳功能的主要驱动因素,这也表明灰化薹草带与芦苇/南荻带对鄱阳湖湿地生态功能的发挥起着重要作用,这两种植被带的群落演替或退化对鄱阳湖湿地生态系统土壤碳循环及生物地球化学循环有着重要影响(徐金英等,2016;王晓龙等,2021)。

与土壤有机碳类似,灰化薹草带显示了最高的土壤总氮含量,平均为 2.03 g/kg,其次为蒌蒿带和蓼草带,平均分别为 1.92 g/kg 和 1.14 g/kg;泥滩带显示了最低的土壤总氮含量,年均值为 0.79 g/kg。从年际变化上看土壤总氮略呈增高趋势。其中蒌蒿带 2017 年和 2020 年含量最高;灰化薹草带 2016 年和 2017 年相对高,蓼草带以 2020 年最高,2015年最低;泥滩带也是 2020 年总氮含量相对高。蒌蒿带总磷含量变化在 0.84～1.03 g/kg,年均为 0.89 g/kg;灰化薹草带变化在 0.83～1.17 g/kg,年均为 0.93 g/kg;蓼草带年均 0.71 g/kg,变化范围为 0.57～0.85 g/kg;泥滩带总磷含量相对低,变化范围为 0.48～0.81 g/kg,年均为 0.63 g/kg(图 5.1)。

植被不仅促进土壤有机碳的积累,也显著提高土壤中氮、磷等营养元素的富集,从而改良土壤,提高湿地生产力与生态服务功能。鄱阳湖不同群落带对土壤养分的积累也不尽相同,低滩植被带如蓼草带和泥滩带对土壤养分的蓄积明显低于蒌蒿带与灰化薹草带,这表明鄱阳湖不同洲滩植被对土壤养分积累与理化性状改良效果也不尽相同。

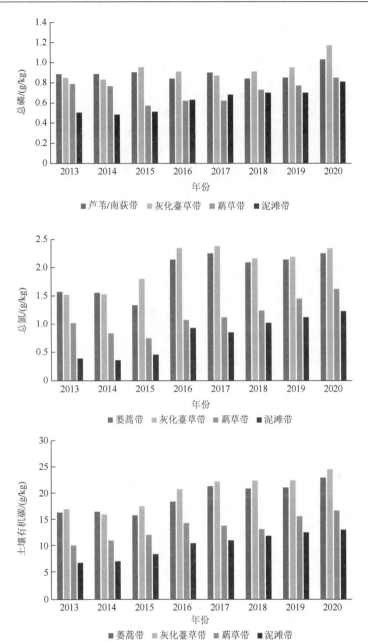

图 5.1　典型洲滩群落土壤有机碳与氮磷含量

5.2　洲滩湿地植被

5.2.1　典型洲滩植被群落地表生物量

1. 灰化薹草群落生物量

1965～2020 年鄱阳湖洲滩薹草群落生物量（鲜重，下同）在 1717～2659 g/m², 均值为 2339 g/m²。除 1994 年测定值较低外，其余年份差异不明显。第一次沼泽调查时鄱阳湖洲滩薹草平均生物量为 2402 g/m²，相比较而言，1994 年薹草生物量仅 1717 g/m²，明显低于 20 世纪 80 年代调查数据，可能与当年的水文情势有关；此外，调查区域与调查季节的差异也是影响生物量数据的重要因素。2008 年后洲滩薹草平均生物量为 2515 g/m²。相关研究也表明洲滩每提前出露 10 d，薹草群落生物量增加 57 g/m² 左右。不同历史时期，薹草生物量略有差异，但差异不明显（图 5.2）。1994 年之前灰化薹草平均生物量为 2211 g/m²，2008 年鄱阳湖站开始长期定位观测后这一期间灰化薹草平均生物量为 2014 g/m²，生物量略有下降，但差异也不显著，与历史时期相比也未见长期性的趋势性上升或下降。

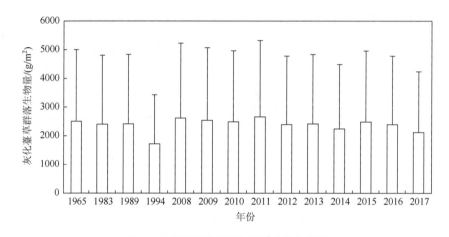

图 5.2　鄱阳湖洲滩灰化薹草群落生物量

1965 年、1989 年和 1994 年数据为蚌湖洲滩薹草生物量（鲜重），引自鄱阳湖第一次考察数据及吴建东等（2010）

2. 芦苇/南荻群落生物量

鄱阳湖南荻与芦苇多以混生状态形成带状植物群落。结合第一次鄱阳湖考察数据及查阅文献资料，鄱阳湖芦苇/南荻群落生物量年际变化趋势特征如图 5.3 所示。1983～2020 年鄱阳湖芦苇/南荻群落生物量在 2025～5411 g/m²，其中以 1994 年最低，为 2025 g/m²，而以 2011 年最高（图 5.3）。从不同历史时期来看，1994 年前芦苇/南荻群落平均生物量为 2926 g/m²，2008 年鄱阳湖站开始长期定位观测后这一期间灰化薹草平均生物量为 3962 g/m²，生物量比历史时期上升明显，这可能是鄱阳湖洪水期高水位不高且持续时间较短，导致高滩植被淹没天数下降，从而使得芦苇/南荻等高滩植物缺乏定期淹没，导致旱生植物增加，影响南荻等植物优势度与生物量。

以 2008～2020 年实测的鄱阳湖典型洲滩芦苇/南荻群落生物量数据为基础，分析了不同月份其群落生物量的季节动态变化。研究发现，不同月份间芦苇/南荻群落生物量也存在明显差异，季节性变化趋势与灰化薹草一致。生物量以 4 月和 5 月最高，其次为 11 月和 12 月，而 2 月生物量最低（图 5.4）。

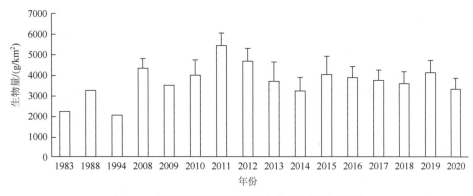

图 5.3　鄱阳湖芦苇/南荻群落生物量年际动态变化

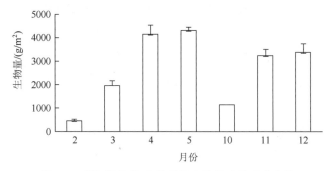

图 5.4　鄱阳湖芦苇/南荻群落生物量季节动态变化

5.2.2　典型洲滩植被群落生物多样性

由图 5.5 可得，芦苇群落 2 月群落 Shannon-Wiener 指数为 1.154，高于其他群落；3 月和 4 月分别为 1.833 和 2.375，呈增加趋势；5 月略有下降。秋草期 Shannon-Wiener 指数在 0.642～1.575，低于春草期。蒌蒿群落 2 月 Shannon-Wiener 指数相对低，为 0.303；3～5 月增加到 0.7～0.8。秋草期 Shannon-Wiener 指数在 0.314～0.577，略低于春草期。灰化薹草群落 Shannon-Wiener 指数相对低，调查中有时保持单一植物物种分布态势，2 月仅为 0.045，其后略有增加，但最高也仅为 0.328（5 月）。蔄草群落生物多样性也相对低。与其他群落相反，春草期生长初期 Shannon-Wiener 指数相对高，为 0.517，其后呈下降趋势，4 月和 5 月分别为 0.164 和 0.177。秋草期 11～12 月 Shannon-Wiener 指数则略有上升。

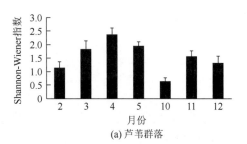

(a) 芦苇群落

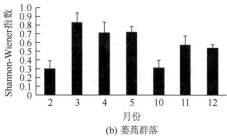

(b) 蒌蒿群落

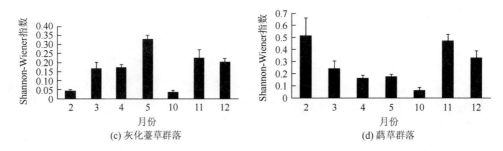

图 5.5　典型洲滩群落生物 Shannon-Wiener 指数季节动态

5.2.3　洲滩植被群落稳定性

根据改进的 M. Godron 稳定性测定方法对鄱阳湖湿地植物群落稳定性进行评价。首先将群落中各物种的相对频度从大到小排列，然后计算出相对频度的累计百分数及相对应的总种数倒数的累计百分数，建立数学模型，拟合出最适宜的平滑曲线，其与直线 $y = -x + 100$ 的交点即稳定性参考点（x，y）。交点坐标越接近稳定点（20，80），群落稳定性越好；反之，稳定性越差。因此用曲线交点与稳定点之间的欧氏距离平方和（ESD值）作为指标进行比较，ESD 值越小的群落稳定性越好。根据改进的 M. Godron 法计算的典型洲滩湿地狗牙根群落和芦苇-南荻群落的 ESD 值如图 5.6 所示。从图 5.6 中可以看出，狗牙根群落的 ESD 值分布在 0～42，但以 25～35 最为集中，均值为 28.42；芦苇-南荻群落的 ESD 值也在 0～42，但大部分分布在 10～30，均值为 17.82。整体而言，芦苇-南荻群落的稳定性显著高于狗牙根群落（$P<0.05$）。

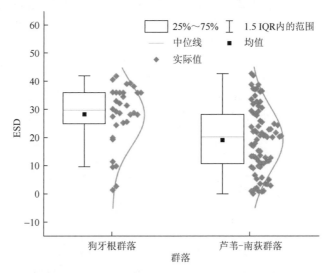

图 5.6　鄱阳湖典型洲滩湿地不同植物群落稳定性对比

IQR 表示四分位距

为进一步探究典型洲滩湿地植物群落稳定性在不同水情阶段的变化规律，图 5.7 分析了狗牙根群落和芦苇-南荻群落的 ESD 值在不同水情阶段的分布。从图 5.7 中可看出，狗牙根群落的 ESD 均值在涨水期（3～5 月）、丰水期（6～8 月）、退水期（9～11 月）及枯水期（12 月至翌年 2 月）分别为 25.38、36.60、27.68 和 24.00，其中丰水期的 ESD 值最大，即狗牙根群落在丰水期稳定性最差，其余三个时段的 ESD 值无显著差异（$P>0.05$）。芦苇-南荻群落在不同水情阶段的 ESD 均值分别为 24.60、26.04、10.28 和 10.38，其中涨水期和丰水期的值显著高于退水期和枯水期（$P<0.05$），表明芦苇-南荻群落的稳定性在退水期和枯水期较好。另外，通过对比发现，在鄱阳湖涨水期，狗牙根群落与芦苇-南荻群落 ESD 值分布范围较接近，两个群落稳定性无显著性差异（$P>0.05$）。在其他水情阶段，狗牙根群落 ESD 值都高于芦苇-南荻群落，尤其是在退水期和枯水期，二者 ESD 值差异更显著，表明在鄱阳湖退水和枯水期，芦苇-南荻群落稳定性比狗牙根群落更好。

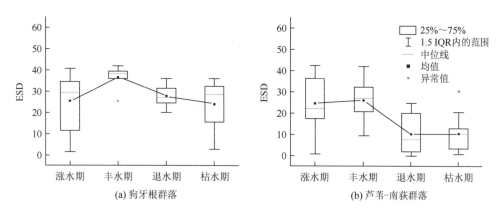

图 5.7　鄱阳湖典型洲滩湿地植物群落稳定性在不同水情阶段的变化

5.2.4　洲滩植被景观变化

1987～2020 年鄱阳湖湿地景观分类结果如图 5.8 所示。植被覆盖面积在近 34 年来呈现波动上升的趋势（$P=0.02$）。湿生植物和水生植物以 8.92 km²/a 的速度自湖岸向湖中心方向扩张；部分海拔较高的区域植被向旱生化方向演替。在典型丰水年，如 2000 年和 2020 年，植被覆盖面积很小，分别仅有 227.7 km² 和 120.3 km²。而在枯水年，植被覆盖面积较大。例如，2013 年秋季，星子站水位长期低于 9 m，此时植被覆盖面积达到最大值 1429.4 km²。近年来，鄱阳湖水位主要呈现低枯化的趋势。水位下降导致洲滩出露时间变长，为植被生长提供了适宜的条件（You et al.，2017，2019）。因而，植被的显著增加可能和鄱阳湖水位低枯有一定的关系。

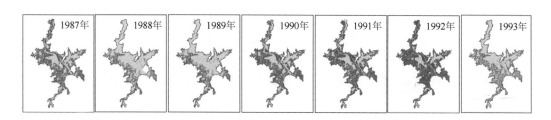

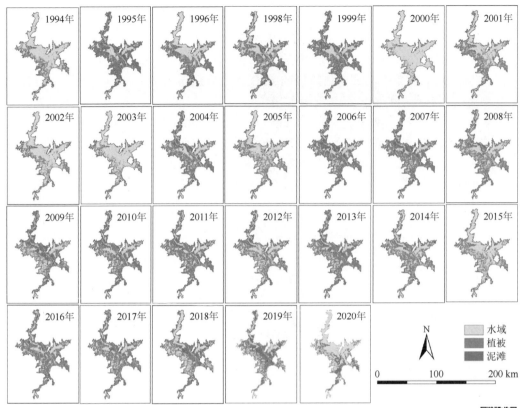

图 5.8　1987～2020 年鄱阳湖土地覆盖分类图

扫一扫　看彩图

5.3　候　　鸟

5.3.1　鄱阳湖候鸟概况

自 1980 年冬鄱阳湖越冬白鹤种群首次被发现报道以来,鄱阳湖越冬水鸟及其栖息地的状况开始引起各方面的广泛关注。1981 年江西省林业厅牵头,首次对鄱阳湖地区鸟类资源进行了比较系统全面的调查,调查报道了鄱阳湖地区共有鸟类 15 目 37 科 150 种。近年来根据多年野外观测结果并结合已有的文献报道和调查记录,目前鄱阳湖湿地共有鸟类种数 227 种,约占江西省鸟类种数 481 种的 47.2%。其中,雀形目鸟类种类在本地区鸟类区系中占有明显的优势地位,共有 24 科 52 属 91 种,占现存鸟类总种数的 40.1%,其中又以鸫科和鹟科最多,分别为 12 种和 9 种,其他种数较多的雀形目鸟类科还包括画眉科、鹟鸰科和鸦科,分别为 8 种、8 种和 7 种。而非雀形目鸟类共有 26 科 72 属 136 种,占该地区鸟类总种数的 59.9%(表 5.1)。与江西鄱阳湖地区典型的湿地生态环境相适应,本地区非雀形目鸟类具有典型的湿地鸟类群落分布特点,以游禽和涉禽为主。在科分类阶元上,雁形目鸭科和鸻行目鹬科鸟类占有明显的数量优势,分别达到 29 种和 19 种,其他种数较多的科还包括鹳形目鹭科、隼形目鹰科和鹤形目秧鸡科,分别为 13 种、8 种和 8 种。

表 5.1　鄱阳湖鸟类科属种分布现状

目名	科数	属数	种数
鸊鷉目（Podicipediformes）	1	2	3
鹈形目（Pelecaniformes）	2	2	2
鹳形目（Ciconiiformes）	3	10	16
雁形目（Anseriformes）	1	10	29
隼形目（Falconiformes）	2	6	11
鸡形目（Galliformes）	1	3	3
鹤形目（Gruiformes）	2	9	12
鸻形目（Charadriiformes）	7	17	41
鸽形目（Columbiformes）	1	1	3
鹃形目（Cuculiformes）	1	3	6
鸮形目（Strigiformes）	1	1	1
佛法僧目（Coraciiformes）	2	5	6
戴胜目（Upupiformes）	1	1	1
䴕形目（Piciformes）	1	2	2
雀形目（Passeriformes）	24	52	91
总计	50	124	227

5.3.2　鄱阳湖候鸟变化趋势

从历年鄱阳湖区越冬候鸟调查数据来看，近年种群数量在 2005 年 12 月调查数量为历年最多，达 72 万只（图 5.9），由于每年调查时间不一，所以越冬候鸟种群数量动态变化较大，特别是每年的不同月份调查数据也是不一样的，如 2005 年 1 月和 12 月越冬候鸟种群数量相差近一半，一般来说鄱阳湖越冬候鸟在每年的 12 月数量达最高，2～3 月数量逐渐减少（图 5.10～图 5.13）。从历年调查数据也可以看出，鄱阳湖越冬候鸟以雁鸭类、鸻鹬类为主要水鸟，雁类最高纪录达到近 20 万只。

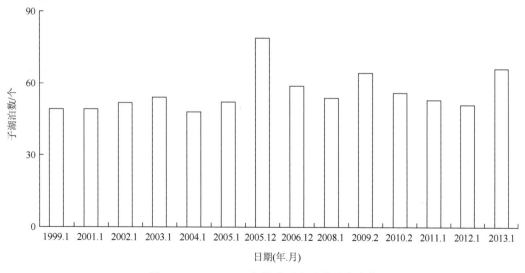

图 5.9　1999～2013 年调查子湖泊数动态变化

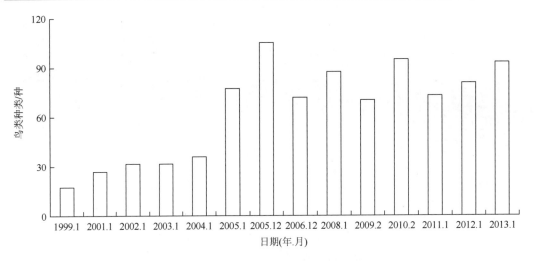

图 5.10　1999～2013 年鄱阳湖鸟类种类动态变化

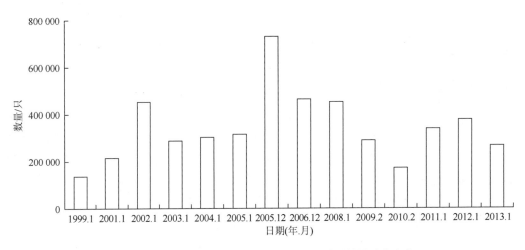

图 5.11　1999～2013 年鄱阳湖区越冬候鸟种群数量动态变化

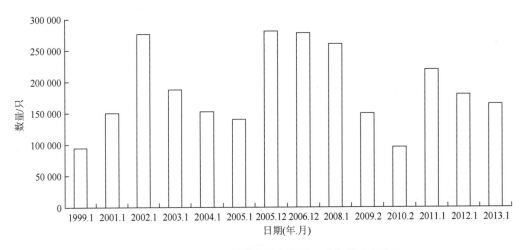

图 5.12　1999～2013 年鄱阳湖雁鸭类水鸟数量动态变化

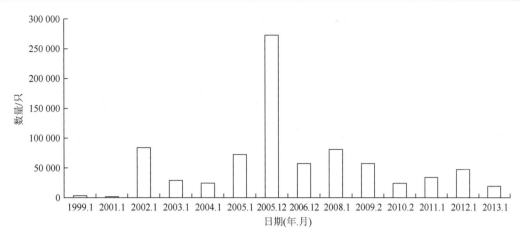

图 5.13　1999～2013 年鄱阳湖䴙䴘类水鸟数量动态变化

从 1999～2013 年在鄱阳湖区总共 14 次越冬鸟类数量调查过程中，发现有 24 种水鸟至少一次调查的个体数量达到了全球数量 1%的标准，这些种类包括普通鸬鹚、东方白鹳、白琵鹭、鸿雁、豆雁、白额雁、小白额雁、灰雁、小天鹅、赤麻鸭、罗纹鸭、斑嘴鸭、中华秋沙鸭、绿翅鸭、青头潜鸭、灰鹤、白头鹤、白枕鹤、白鹤、黑尾塍鹬、大杓鹬、鹤鹬、黑腹滨鹬和反嘴鹬。其中，东方白鹳、白琵鹭、鸿雁、小天鹅、赤麻鸭、白枕鹤和白鹤越冬数量每年均超过了全球数量 1%的标准，此外，白鹤、东方白鹳和鸿雁在鄱阳湖区越冬数量历年均达到了全球数量的 30%以上。

5.4　小　　　结

（1）鄱阳湖洲滩湿地植物丰富，植被保存完好，类型多样，群落结构完整，季相变化丰富，是亚热带难得的巨型湖泊湖滨沼泽湿地景观，在对湖泊水位变化节律的长期适应过程中，形成了独有的植物生长发育节律和植物群落动态。从长期演变趋势来看，鄱阳湖灰化薹草生物量没有发生明显变化，但芦苇群落生物量波动较大。与 20 世纪 80 年代相比，近十几年来芦苇群落生物量有较大提高，尤其是 2008～2012 年生物量显著上升，这可能与当时湖区水位偏枯、高滩植物生长周期延长有关。总体而言，虽然当前鄱阳湖洲滩湿地代表性植物群落及其结构特征与历史时期相比没有发生明显变化，但近三十年来，鄱阳湖洲滩湿地植被面积呈现显著增加趋势，在分布格局上呈高滩植被挤占中滩植物生长空间，中低滩植被分布空间呈下延态势。此外湿地景观呈现破碎化、形状复杂化的趋势，景观连通性呈下降的变化趋势。在空间上高滩植物向下延续，挤占中低滩植物分布空间的现象凸显。

（2）鄱阳湖属吞吐性湖泊。每年 4～9 月汛期，湖水上涨，最大面积达 4600 km²，这时的湖泊一片汪洋，鱼、虾、螺、蚌等水生生物及水草大量繁殖。10 月至翌年 3 月为枯水期，水位下降，湖水面积减至 500 km² 左右，整个湖泊被分成大小不同的子湖泊，形成大面浅水湖泊、草洲和沼泽湿地，而在这些不同环境中的水草、螺、蚌等便成了候鸟丰盛的食物来源。整个鄱阳湖地区越冬水禽主要分布在 9 个湖池中，13.5～17 m 地带为候鸟最适宜栖息地。白鹤、白头鹤、白枕鹤、灰鹤、白鹳及鹭类和鹬类等涉禽，主要栖息在湖边、泥滩或浅水区域中。其中白头鹤、白枕鹤、灰鹤经常到草洲活动，白鹳也经常到收割过的农田中栖息。小天鹅、白额雁等雁鸭类游禽栖息于深水域中，但赤麻鸭主要栖息在草滩或湖边的泥滩上。鄱阳湖每年丰水季节（4～10 月）水位过程很大程度上决定了当年湿地生态系统的结构、植被分布和生物量，为候鸟越冬食物的丰富度及栖息环境奠定了基础。而枯水期（10 月至翌年 3 月）的水位过程则直接影响冬候鸟的栖息环境及其可能的食物种类和数量。

第6章 鄱阳湖生态健康评估指标体系

6.1 湖泊物理与水文水资源

6.1.1 物理指标

1. 湖泊口门变化：湖泊泄流能力

通江湖泊口门控制着湖泊水量与长江的交换，口门变化对湖泊的水量平衡过程产生影响。湖泊口门变化综合体现在湖泊口门的泄水能力上。本评估采用湖泊泄流能力的指标来反映湖泊口门泄水能力，其计算公式为

$$k = \frac{Q}{\sqrt{\Delta Z}}$$

式中，k 为湖泊口门泄水能力；Q 为湖泊出口流量；ΔZ 为湖泊中心水位至口门的落差。

采用非长江顶托条件下（或非汛期）的湖口逐日水位流量观测数据回归拟合得到湖泊泄流能力。

湖泊口门变化程度采用泄流能力的变异程度来表征。以湖口站水位作为参考站点，选择湖口水位 8 m、10 m、12 m、14 m、16 m 水位下的湖泊泄流能力作为特征水位，计算现状条件下不同特征水位的湖泊泄流能力与参照年份湖泊泄流能力的比，计算公式如下。赋分标准见表 6.1。

$$\text{AKI} = \overline{\left(\frac{\text{AC}_i}{\text{AR}_i} - 1\right)} \times 100, \quad i = 1, 2, 3, \cdots$$

式中，AKI 为湖泊泄流能力变异程度；AC_i 为评估年第 i 个特征水位对应的湖泊泄流能力，$\text{m}^{2.5}/\text{s}$；AR_i 为参考年第 i 个特征水位对应的湖泊泄流能力，$\text{m}^{2.5}/\text{s}$；上横线"—"表示求平均。

表 6.1 湖泊泄流能力变异赋分标准表

湖泊泄流能力变异/%	赋分	说明
≤5	100	接近参考状况
40	80	与参考状况有较小差异
60	60	与参考状况有中度差异
80	40	与参考状况有较大差异
100	0	与参考状况有显著差异

基于 1953～2016 年长时间序列常规水文观测数据，估算鄱阳湖过去的泄流能力，并

与现状条件下（2019～2020 年）的泄流能力进行对比。以鄱阳湖湖口流量作为湖泊总泄流量，湖口水位数据作为湖泊出口水位，星子站水位数据代表湖泊水位。

2. 湖泊萎缩状况：湖泊面积（必选）

鄱阳湖湖泊水位年内波动大，湖泊水面面积随水位涨落动态变化。受流域"五河"和长江水情作用，湖泊的水面面积年内年际变化显著。单一的湖泊最大、最小或者平均水面面积等难以体现出湖泊萎缩状况。为此，拟采用特征水位下湖泊的水面面积的萎缩比例来评估鄱阳湖的萎缩状况。

以星子站水位作为参考站点，选择星子水位 12 m、14 m、18 m 水位下的湖泊水面面积作为特征水位，计算评估年不同特征水位下湖泊水面萎缩面积与参照水面面积的比，计算公式如下。参照面积选择 20 世纪 80 年代初的湖泊面积数据。赋分标准见表 6.2。

$$\text{ASI} = \overline{\left(1 - \frac{\text{AC}_i}{\text{AR}_i}\right)} \times 100, \ i = 1, 2, 3, \cdots$$

式中，ASI 为湖泊面积萎缩比例，%；AC_i 为评估年第 i 个特征水位对应的湖泊水面面积，km^2；AR_i 为历史参考年第 i 个特征水位下湖泊水面面积，km^2；上横线"—"表示求平均。

表 6.2　湖泊面积萎缩比例赋分标准表

湖泊面积萎缩比例/%	赋分	说明
≤5	100	接近参考状况
10	60	与参考状况有较小差异
20	30	与参考状况有中度差异
30	10	与参考状况有较大差异
40	0	与参考状况有显著差异

3. 湖泊岸线状况：自然岸线保有率

湖泊岸线是湖泊水体与岸边的交线，可分为自然岸线和人工岸线。自然岸线是指岸线空间范围内无大规模港口、工业、城镇等开发活动且具有未被破坏和干扰的自然状态与功能的岸线。自然岸线保有率是指一定长度单元内自然岸线长度占总岸线长度的比例，反映自然岸线资源的保存、保护状况。本次评估采用自然岸线保有率这一指标来反映鄱阳湖湖泊岸线状况。

自然岸线保有率计算公式如下。指标的赋分见表 6.3。

$$\text{RONS} = \frac{\text{LNS}}{\text{LT}} \times 100\%$$

式中，RONS 为自然岸线保有率，%；LNS 为自然岸线长度，km；LT 为岸线总长度，km。

表 6.3　自然岸线保有率赋分标准表

自然岸线保有率/%	≥60	≥45	≥35	≥25	≥15	≤5
指标赋分	100	80	60	40	20	0

4. 湖盆冲淤情况

湖盆冲淤影响着湖泊的蓄水能力，决定着湖泊的生态环境演化方向。该指标可通过出入湖沙量平衡和湖盆地形变化分析等方法来评估。沙量平衡数据观测资料较多，为此，本书选择基于沙量平衡计算评估湖盆冲淤变化情况，按照如下公式计算的鄱阳湖湖盆的变异程度，对应的赋分表见表 6.4。

$$\text{FNI} = \left| \frac{R_{\text{出}i} - R_{\lambda i}}{R_{\lambda i}} \right| \times 100, \ i = 1, 2, 3, \cdots$$

式中，FNI 为湖盆冲淤变化的百分比，%；$R_{\text{出}i}$ 为第 i 年出湖输沙量，万 t；$R_{\lambda i}$ 为第 i 年入湖输沙量，万 t；"| |"表示求绝对值。

表 6.4　湖盆冲淤的变异程度赋分标准表

变异程度/%	≤10	20	30	40	≥50
赋分	100	75	60	5	0

鄱阳湖的泥沙来源于鄱阳湖流域和长江倒灌，以鄱阳湖流域为主，即主要来源于"五河"和"区间"入湖水体所挟带的泥沙。本指标在计算鄱阳湖入湖泥沙量时选用赣江（外洲站）、抚河（李家渡站）、信江（梅港站）、饶河（渡峰坑站和虎山站）、修水（万家埠站）的总和作为鄱阳湖入湖沙量，出湖沙量选用湖口监测站的沙量，出湖与入湖的差值代表湖泊的冲淤变化量。

6.1.2　水文水资源指标

1. 蓄水量

蓄水量是反映河流、湖泊（水库）等地表系统水量盈亏的重要指标。本节采用水位-库容（蓄量）关系曲线进行鄱阳湖蓄水量估算。其中，水位根据鄱阳湖常规站点观测数据获取，采用都昌水位。库容根据遥感计算结果获取。因此，根据都昌水位推求整个湖区蓄水量的计算公式如下：

$$V_{湖泊} = 0.027H^3 + 0.87H^2 - 25H + 140$$

式中，$V_{湖泊}$ 为整个湖泊的蓄水量，$10^8\ \text{m}^3$；H 为都昌高程水位，m，该站点的拟合精度达到 0.97。

为体现鄱阳湖水位的季节变化，采用鄱阳湖都昌站月平均水位来计算湖泊蓄水量的变异程度，按照如下公式计算，赋分表见表 6.5。

$$FVI = \sqrt{\sum_{m=1}^{12}\left(\frac{(v_m - V_m)}{\bar{V}}\right)^2}$$

$$\bar{V} = \frac{1}{12}\sum_{m=1}^{12}v_m$$

式中，FVI 为蓄水量变异程度；v_m 为评估年湖泊第 m 月蓄水量，$10^8\,\mathrm{m}^3$；V_m 为湖泊第 m 月多年平均蓄水量，$10^8\,\mathrm{m}^3$；$\bar{V}$ 为湖泊年平均蓄水量，$10^8\,\mathrm{m}^3$；m 为年内月份序号。

表 6.5　湖泊蓄水量赋分标准表

蓄水量变异程度	[0.5, 1)	[1, 2)	[2, 3)	[3, 4)	≥4
赋分	80~100	60~80	40~60	20~40	0

2. 换水周期

湖泊换水周期通常用来表示湖泊内部水体更新一次所需时间，也是湖泊水体交换能力的一个重要参数，对水环境、水生态变化等具有很强的指示作用。从平均意义上，不考虑水面蒸发的影响，换水周期的长短可以用如下公式计算

$$T = V_{湖泊}/(Q \times 86\,400)$$

式中，T 为湖泊换水周期，d；$V_{湖泊}$ 为整个湖泊的蓄水量，$10^8\,\mathrm{m}^3$；Q 表示年平均入湖流量，m^3/s，其中 86 400 为单位转换系数。

基于上述公式，采用相对变化值来评估鄱阳湖换水周期的总体变异程度，按照如下公式计算，赋分表见表 6.6。

$$T_r = \left|\frac{t - \bar{T}}{\bar{T}}\right| \times 100\%$$

式中，T_r 为换水周期相对变化百分比；t 为评估年湖泊平均换水周期，d，用评估年的平均水位计算蓄水量；$\bar{T}$ 为湖泊多年平均换水周期，d，用多年的平均水位计算蓄水量。

表 6.6　湖泊换水周期赋分标准表

换水周期变异程度	[0, 0.2)	[0.2, 0.4)	[0.4, 0.6)	[0.6, 1.0)	≥1.0
赋分	80~100	60~80	40~60	20~40	0

3. "五河"入湖径流变异程度

基于鄱阳湖"五河"的入湖月平均流量计算评估入湖径流变异程度，按照如下公式计算，赋分表见表 6.7。

$$FLI = \sqrt{\sum_{m=1}^{12}\left(\frac{r_m - R_m}{\bar{R}}\right)^2}$$

$$\bar{R} = \frac{1}{12}\sum_{m=1}^{12}R_m$$

式中，FLI 为入湖径流变异程度；r_m 为评估年"五河"第 m 月总流量，m^3/s；R_m 为"五河"第 m 月多年平均总流量，m^3/s；$\bar{R}$ 为"五河"多年平均总流量，m^3/s；m 为年内月份序号。

表 6.7　"五河"入湖径流变异程度评估赋分标准表

"五河"入湖径流变异程度	≤0.05	0.1	0.5	1.5	≥3.0
赋分	100	75	50	25	0

4. 江湖水量交换变异程度

基于鄱阳湖湖口月平均流量计算评估江湖水量交换变异程度，按照如下公式计算，赋分表见表 6.8。

$$FDI = \sqrt{\sum_{m=1}^{12}\left(\frac{q_m - Q_m}{\bar{Q}}\right)^2}$$

$$\bar{Q} = \frac{1}{12}\sum_{m=1}^{12}Q_m$$

式中，FDI 为江湖水量交换变异程度；q_m 为评估年湖口第 m 月平均流量，m^3/s；Q_m 为湖口第 m 月多年平均流量，m^3/s；$\bar{Q}$ 为湖口多年平均流量，m^3/s；m 为年内月份序号。

表 6.8　江湖水量交换变异程度评估赋分标准表

江湖水量交换变异程度	≤0.05	0.1	0.5	1.5	≥3.0
赋分	100	75	50	25	0

5. 湖泊水位变异程度

基于鄱阳湖星子站年最高水位、最低水位、年平均水位计算评估湖泊水位变异程度，按照如下公式计算，赋分表见表 6.9。

$$WLF = \sqrt{\frac{1}{3}\sum_{m=1}^{3}\left(\frac{h_m - \bar{H}_m}{\bar{H}_m}\right)^2}$$

式中，WLF 为湖泊水位变异程度；h_1、h_2、h_3 分别为评估年鄱阳湖星子站年最高水位、最低水位、年平均水位，m；$\bar{H}_2$、$\bar{H}_2$、$\bar{H}_3$ 分别为星子站年最高水位、最低水位、平均水位的多年平均值，m。

表 6.9　湖泊水位变异程度指标赋分表

湖泊水位变异程度	≤0.02	0.04	0.07	0.1	≥0.14
赋分	100	75	50	25	0

6.2　水　环　境

6.2.1　水质优劣程度

按照河湖水质类别比例赋分。水质类别比例应根据《地表水资源质量评价技术规程》（SL 395—2007）进行评估。其中，河流按照河长统计，湖泊按照湖泊水面面积统计。赋分标准见表 6.10。

表 6.10　水质优劣程度评估赋分标准表

水质优劣程度	I ～III类水质比例 ≥90%	75%≤ I ～III类水质比例<90%	I ～III类水质比例<75%，且劣 V 类比例<20%	I ～III类水质比例<75%，且20%≤劣 V 类比例<30%	I ～III类水质比例<75%，且30%≤劣 V 类比例<50%	劣 V 类比例≥50%
赋分	100	80	60	40	20	0

6.2.2　营养状态

按照 SL 395—2007 的相关规定评估湖泊营养状态指数。根据湖泊营养状态指数值确定营养状态赋分，赋分标准见表 6.11。

表 6.11　湖泊营养状态赋分标准表

营养状态	≤10	42	45	50	60	65	70	≥80
赋分	100	80	70	60	50	30	10	0

TLI 法对鄱阳湖水质的营养状况进行评价，评价因子包括 Chl a、TP、TN、SD 和 COD。以 Chl a 作为基准参数，第 j 种参数的归一化的相关权重计算公式：

$$w_j = \frac{r_{ij}^2}{\sum_{j=1}^{m} r_{ij}^2}$$

式中，r_{ij} 为第 j 种参数与基准参数 Chl a 的相关关系；m 为评价参数的个数。按照标准，中国湖泊的 Chl a 与其他参数之间的相关关系 r_{ij} 及 r_{ij}^2 参照朱广伟（2009）。

各项目营养状态指数计算方式如下所示：

$$TLI(Chl\,a) = 10 \times (2.500 + 1.086 \times \ln Chl\,a)$$
$$TLI(TP) = 10 \times (9.436 + 1.624 \times \ln TP)$$
$$TLI(TN) = 10 \times (5.453 + 1.694 \times \ln TN)$$
$$TLI(SD) = 10 \times (5.118 - 1.941 \times \ln SD)$$
$$TLI(COD_{Mn}) = 10 \times (0.109 + 2.661 \times \ln COD_{Mn})$$

其中，Chl a 的单位为 mg/m³，SD 的单位为 m，其余指标单位均为 mg/L。分级方法：TLI<30 为贫营养；30≤TLI≤50 为中营养；50<TLI≤60 为轻度富营养；60<TLI≤70 为中度富营养；TLI>70 为重度富营养。

6.2.3　入湖河流水质达标率/重要支流水质达标率

（1）入湖河流水质达标率的评估标准与方法遵循 SL 395—2007 相关规定。流域水环境综合治理或当地河长制已明确入湖河流水质目标的，按照既定目标计算达标率；未制定水质目标的利用频次法，按照达到Ⅲ类水质标准的次数计算达标率。入湖河流水质达标率由每条入湖河流的达标率按照入湖水量加权计算，公式如下：

$$WFZ_r = WFZ_p \times 100$$

式中，WFZ_r 为入湖河流水质达标率指标赋分；WFZ_p 为入湖河流水质达标率。

（2）重要支流水质达标率选择汇入水量排名前列的重要支流（重要支流的汇入水量总和≥50%）计算水质达标率，评估标准与方法参考入湖河流水质达标率。重要支流水质达标率由各支流的达标率按照单条支流水量在重要支流水量的占比计算。

6.2.4　底泥污染状况

采用底泥污染指数即底泥中每一项污染物浓度占对应标准值的百分比进行评估。底泥污染指数赋分时采用超标浓度最高的污染物倍数值。赋分标准见表 6.12。

表 6.12　底泥污染状况赋分标准表

污染指数	<1	1	2	3	5	>5
赋分	100	80	60	40	20	0

6.2.5　水体自净能力

根据《河湖健康评价指南》，选择水中溶解氧浓度衡量水体自净能力，赋分标准见表 6.13。溶解氧对水生动植物十分重要，过高和过低的溶解氧对水生生物均造成危害。饱和值与压强和温度有关，若溶解氧浓度超过当地大气压下饱和值的 110%（在饱和值无法测算时，建议饱和值是 14.4 mg/L 或饱和度 192%），此项 0 分。

表 6.13　水体自净能力赋分表

溶解氧浓度/（mg/L）	≥7.5	≥6	≥3	≥2	0
赋分	100	80	30	10	0

6.3　水域生态系统结构

6.3.1　浮游植物密度

浮游植物密度是反映湖泊水生态状况的重要指标，其密度情况能很好地反映湖泊水环境现状与演变。采用浮游植物密度指标评估湖泊浮游植物状况，赋分标准见表 6.14。

表 6.14　浮游植物密度指标赋分标准表

浮游植物密度/（万个/L）	≤40	100	200	500	1000	2500	≥5000
赋分	100	75	60	40	30	10	0

2020 年四个季度定量样品中共鉴定出浮游植物 7 门 63 种（属），其中绿藻门和硅藻门种属数较多，分别为 24 种（属）和 21 种（属），分别占比 38% 和 33%；蓝藻门 7 种（属），占比 11%；裸藻门 4 种（属）；隐藻门和甲藻门各 3 种（属）；金藻门仅检出 1 种。

2020 年四个季度浮游植物密度均值 122.1 万个/L，最高值在秋季（175.77 万个/L），最低值在春季（82.04 万个/L），导致这种季节动态的主要门类为蓝藻门和硅藻门。蓝藻门在秋冬季（10 月和 1 月）丰度较高，分别为 125.18 万个/L 和 123.69 万个/L；春季最低，为 59.61 万个/L。硅藻门在春季和秋季细胞丰度较高，分别为 15.44 万个/L 和 43.44 万个/L。绿藻门表现出秋季细胞丰度最高、冬季最低的动态，秋季 6.27 万个/L，冬季 3.47 万个/L。浮游植物生物量年均值 0.55 mg/L，季节动态主要受硅藻门影响，表现为秋季最高、冬季最低，分别为 0.86 mg/L、0.39 mg/L。

6.3.2　底栖动物完整性指数

大型底栖无脊椎动物生物完整性指数（B-IBI）通过对比参考点和受损点大型底栖无脊椎动物状况进行评价。基于候选指标库选取核心评价指标，对评价河湖底栖生物调查数据按照评价参数分值计算方法，计算 B-IBI 指数监测值。参考《河湖健康评价指南》《长江中下游四大淡水湖生态系统完整性评价》等文献资料，筛选出 4 个参数构成 B-IBI 指数（表 6.15）。

表 6.15　鄱阳湖 B-IBI 核心参数组成

参数	分值计算公式
M1 总分类单元数	$100 \times M1/7$
M2 Berger-Parker 优势度指数	$100 \times （1-M2）/（1-0.27）$
M3 BPI 生物学指数	见表 6.16
M4 FBI 指数	$100 \times （8.5-M4）/（8.5-4.5）$

注：BPI 为生物污染指数（biological pollution index）；FBI 为科级生物指数（family biotic index）；大于 100 时取 100，小于 0 时取 0。

表 6.16　底栖动物 BPI 生物学指数赋分

BPI/（万个/L）	≤0.1	0.5	1.5	5	5
赋分	100	80	60	40	0

6.3.3　鱼类保有指数

鱼类保有指数计算公式如下：

$$FOE = \frac{FO}{FE}$$

式中，FOE 为鱼类保有指数；FO 为鄱阳湖近五年内调查获得的鱼类种类数量（不包括外来物种）；FE 为 20 世纪 80 年代鄱阳湖记录的鱼类物种数，为 134 种。鱼类保有指数赋分标准见表 6.17。

表 6.17　鱼类保有指数赋分标准表

鱼类保有指数	1	0.85	0.75	0.6	0.5	0.25	0
指标赋分	100	80	60	40	30	10	0

6.3.4　江豚

江豚为水生哺乳动物，列入《世界自然保护联盟濒危物种红色名录》濒危等级和《国家重点保护野生动物名录》（2021 年 2 月 5 日）一级保护动物。其种群数量反映重点保护物种状况和鄱阳湖生态环境保护成效。江豚赋分标准见表 6.18。

江豚种群指数 = 评价时段江豚种群数量/江豚种群数量基准值

表 6.18　江豚种群指数赋分标准表

江豚种群指数	1	0.8	0.7	0.6	0.4	0
指标赋分	100	80	60	40	20	0

6.4　湿　地　生　态

6.4.1　珍稀候鸟保有指数

以鄱阳湖指示性候鸟物种（白鹤＋东方白鹳＋小天鹅＋白额雁为综合考虑指标，涵括涉禽、游禽等主要类别，也是鄱阳湖越冬候鸟代表性物种）数量为考核指标（表6.19）。基准值以多年历史监测年均值为基准。

表 6.19　鄱阳湖珍稀越冬候鸟多年平均数量与 2020 年观测数量　　　　　（单位：只）

时期	白鹤	白头鹤	白枕鹤	灰鹤	东方白鹳	白琵鹭	小天鹅	鸿雁	豆雁	白额雁
多年平均	3389	288	558	6872	4538	16 334	36 345	72 576	94 263	64 568
2020 年	4015	325	651	10 653	5620	20 304	52 227	74 983	106 196	63 662

珍稀候鸟保有指数计算公式如下：

$$BOE = \frac{\sum \dfrac{BO}{BE}}{i}$$

式中，BOE 为珍稀候鸟保有指数；BO 为鄱阳湖指示性候鸟物种（白鹤 + 东方白鹳 + 小天鹅 + 白额雁）数量；BE 为基准值，即往年鄱阳湖指示性候鸟物种年均保有量；i 为纳入计算的珍稀候鸟物种数。

珍稀候鸟保有指数赋分标准见表 6.20。

表 6.20　珍稀候鸟保有指数赋分标准表

珍稀候鸟保有指数	≥1	≥0.80	≥0.70	≥0.50	≥0.25	0
指标赋分	100	80	60	40	20	0

6.4.2　水生植物群落状况

水生植物群落状况评价为选取典型 2～3 个典型碟形湖，分别设置 1～2 个评价断面，对断面区域水生植物种类、数量、外来物种入侵状况进行调查，结合现场验证，按照丰富、较丰富、一般、较少、无 5 个等级分析水生植物群落状况。水生植物群落状况赋分见表 6.21，取各断面赋分平均值作为水生植物群落状况得分。

表 6.21　水生植物群落状况赋分标准表

水生植物群落状况分级	指标描述	分值
丰富	水生植物种类很多，配置合理，植株密闭	100～90
较丰富	水生植物种类多，配置较合理，植株数量多	90～80
一般	水生植物种类尚多，植株数量不多且散布	80～60
较少	水生植物种类单一，植株数量很少且稀疏	60～30
无	难以观测到水生植物	30～0

6.4.3　洲滩典型植物群落稳定指数

以鄱阳湖代表性洲滩植物群落芦苇群落与灰化薹草群落为主要考核对象。基准值以多年平均值（2011～2019 年鄱阳湖站持续观测数据）为基准值。

洲滩典型植物群落稳定指数计算如下：

$$SBP = \left| 1 - \frac{BPO}{BPE} \right|$$

式中，SBP 为植物群落稳定指数；BPO 为观测期鄱阳湖代表性洲滩植物群落芦苇群落与灰化薹草群落生物多样性指数，以 Shannon-Wiener 指数进行群落物种多样性的测度；BPE 为基准值，即芦苇群落与灰化薹草群落生物多样性指数多年平均值（2011～2019 年鄱阳湖站持续观测数据，表 6.22）。

Shannon-Wiener 指数：

$$H = -\sum_{i=1}^{s} p_i \ln p_i$$

式中，s 为物种数目；p_i 为属于种 i 的个体占全部个体种的比例。

鄱阳湖典型洲滩植物群落稳定指数赋分标准见表 6.23。

表 6.22　鄱阳湖典型植被群落生物多样性指数（Shannon-Wiener 指数）

时期	灰化薹草群落	芦苇群落
多年平均	0.203	1.532
2020 年	0.178	1.328

表 6.23　典型洲滩植物群落稳定指数赋分标准表

植物群性稳定指数	≤0.10	≤0.20	≤0.30	≤0.50	≤0.75	≤1
指标赋分	100	80	60	40	20	0

6.4.4　景观稳定性指数

以秋草期洲滩湿地植被面积变化幅度来表征鄱阳湖景观稳定性指数，以 20 世纪 90 年代年均值为参考基准值。

鄱阳湖景观稳定性指数计算如下：

$$LS = \left| 1 - \frac{LSO}{LSE} \right|$$

式中，LS 为景观稳定性指数；LSO 为观测期鄱阳湖秋草期洲滩湿地植被面积（图 6.1）；LSE 为基准值，即 20 世纪 90 年代鄱阳湖秋草期洲滩湿地植被面积年均值。

鄱阳湖景观稳定性指数赋分标准见表 6.24。

表 6.24　景观稳定性指数赋分标准表

植物群性稳定指数	≤0.10	≤0.20	≤0.30	≤0.50	≤0.75	≤0.90
指标赋分	100	80	60	40	20	0

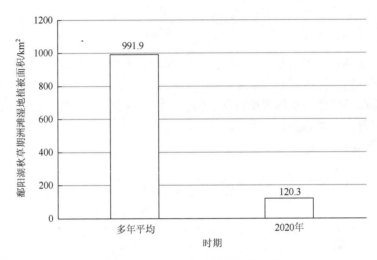

图 6.1　鄱阳湖秋草期洲滩湿地植被面积

6.5　社 会 服 务

6.5.1　防洪达标率

防洪达标率指已达到防洪标准的堤防长度占堤防总长度的比例。防洪达标率赋分标准见表 6.25。

$$FLDE = \frac{BLA}{BL}$$

式中，FLDE 为防洪达标率；BLA 为达到防洪标准的堤防长度；BL 为有防洪要求的堤防总长度。

表 6.25　防洪达标率赋分标准表

防洪达标率/%	≥95	90	85	70	≤50
指标赋分	100	75	50	25	0

6.5.2　供水保证率

供水水量保证程度等于一年内湖泊逐日水位达到供水保证水位的天数占年内总天数的百分比，按照以下公式计算。供水保证率赋分标准如表 6.26 所示。

$$R_{gs} = \frac{D_0}{D_n} \times 100\%$$

式中，R_{gs} 为供水水量保证程度；D_0 为水位达到供水保证水位的天数，d；D_n 为一年内总天数，d。

表 6.26 供水水量保证程度赋分标准表

供水保证率/%	≥95	90	85	60	50	≤30
赋分	100	85	60	40	20	0

6.5.3 集中式饮用水水源地水质达标率

集中式饮用水水源地水质达标率指达标的集中式饮用水水源地（地表水）的个数占鄱阳湖集中式饮用水水源地总数的百分比。其中，单个集中式饮用水水源地采用全年内监测的均值进行评价，参评指标取《地表水环境质量标准》（GB 3838—2002）中表 1 的基本项目（23 项，化学需氧量除外）、表 2 的集中式生活饮用水地表水源地补充项目（5 项）、表 3 优选特定项目（33 项）。鄱阳湖集中式饮用水水源地 2020 年水质状况如表 6.27 所示，达标率即为赋分值如表 6.28 所示。

$$R_Y = \frac{Y_0}{Y_n} \times 100$$

式中，R_Y 为饮用水水源地水质达标率；Y_0 为达标的饮用水水源地的个数；Y_n 为鄱阳湖饮用水水源地总数。

表 6.27 鄱阳湖集中式饮用水水源地 2020 年水质状况

序号	所在行政区域	水源地名称	供水城市	水质目标	2020 年水质类别
1	九江市都昌县	都昌县鄱阳湖水源地	都昌县	Ⅱ类	Ⅱ类
2	九江市庐山市	庐山市鄱阳湖水源地	庐山市	Ⅲ类	Ⅲ类
3	九江市湖口县	湖口县鄱阳湖水源地	湖口县	Ⅱ类	Ⅲ类

表 6.28 湖泊集中式饮用水水源地水质达标率评分对照表

湖泊集中式饮用水水源地水质达标率/%	[95, 100]	[85, 95)	[60, 85)	[20, 60)	[0, 20)
赋分	100	[85, 100)	[60, 85)	[20, 60)	[0, 20)

6.5.4 公众满意度

评价公众对鄱阳湖水量、水质、生物多样性、涉水景观等的满意程度，采用公众调查方法评价，其赋分取评价区域内参与调查的公众赋分的平均值（表 6.29）。公众满意度问卷样见附录 2。

表 6.29 公众满意度指标赋分标准

赋分	≥80	60	40	20	0
满意度	很满意	满意	基本满意	不满意	很不满意

第7章 鄱阳湖水生态健康评估

7.1 物理形态指标

鄱阳湖生态系统健康评估物理形态得分如图 7.1 所示。

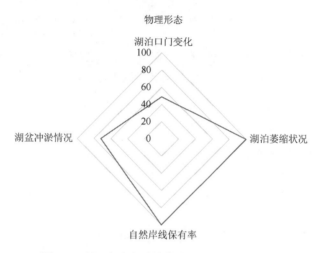

图 7.1 鄱阳湖生态系统健康评估物理形态得分

7.1.1 湖泊口门变化：湖泊泄流能力

以 1953～2000 年长期稳定的湖泊泄流能力为参考，根据 1953～2000 年鄱阳湖泄流能力与湖口水位的关系拟合式计算湖口水位 8 m、10 m、12 m、14 m、16 m 条件下的湖泊泄流能力分别为 1624.62 $m^{2.5}$/s、3726.13 $m^{2.5}$/s、7341.97 $m^{2.5}$/s、13 027.31 $m^{2.5}$/s、21 408.42 $m^{2.5}$/s。然后，根据 2008～2016 年鄱阳湖泄流能力与湖口水位的关系拟合式计算湖口水位 8 m、10 m、12 m、14 m、16 m 条件下的湖泊泄流能力分别为 4187.46 $m^{2.5}$/s、6767.24 $m^{2.5}$/s、10 936.36 $m^{2.5}$/s、17 673.97 $m^{2.5}$/s、28 562.45 $m^{2.5}$/s。根据 6.1.1 节提及的湖泊泄流能力变异程度计算公式可知湖泊泄流能力变异程度为 71%，说明现状条件下的湖泊泄流能力与参考状态下的存在较大差异。根据赋分规则表，最终该指标赋分为 49，处于不健康状态。

7.1.2 湖泊萎缩状况：湖泊面积

基于 1983 年地形图（1∶25 000），建立 30 m 分辨率数字高程模型，基于数字高程模型提取不同特征水位下（12 m、14 m、18 m）的淹水面积，以此面积作为 20 世纪 80 年代不同高程下的湖泊水面面积核算的基准。2020 年现状条件下的不同特征水位下的水面面积数据是基于多景 Landsat 遥感数据，经过验证和插值得来的（表 7.1）。

表 7.1　20 世纪 80 年代初和 2020 年特征水位下的湖泊水面面积　　（单位：km²）

水位/m	20 世纪 80 年代初水面面积	2020 年水面面积
12	859.47	1733.16
14	1601.36	1922.32
18	3128.54	3129.70

湖泊面积变化比例约为 41%，小于湖泊面积萎缩比例 5%，说明 2020 年现状条件下的湖泊水面面积是增加的，根据赋分表规则，该指标赋分为 100，处于非常健康状态。

7.1.3　湖泊岸线状况：自然岸线保有率

基于 2018 年遥感及调查数据，鄱阳湖自然岸线和人工岸线分别为 952 km 和 486 km，自然岸线保有率为 66%。对应湖泊岸线情况赋分为 100，处于非常健康状态。

7.1.4　湖盆冲淤情况

2018 年鄱阳湖出、入湖泥沙量分别为 391.44 万 t、320.55 万 t，净输出沙量为 70.88 万 t。根据指标评价公式计算，2018 年现状条件下鄱阳湖湖盆冲淤的变异程度为 22%，说明湖盆冲淤变化相对平稳，对应赋分表，湖盆冲淤情况赋分 72，处于亚健康状态。

7.2　水　文　指　标

鄱阳湖生态系统健康评估水文指标得分如图 7.2 所示。

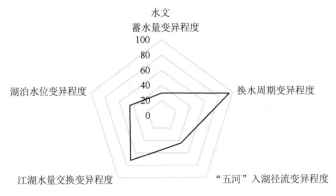

图 7.2　鄱阳湖生态系统健康评估水文指标得分

7.2.1　蓄水量评估结果

本节选用 1960～2016 年作为鄱阳湖蓄水量的历史基准期，以此分析 2020 年评估年份的鄱阳湖蓄水量变化状况。计算发现，历史基准年份，湖泊蓄水量的多年变异系数变化范围为 0.75～6.4，而 2020 年湖泊蓄水量的变异系数为 3.5，表明评估年湖泊水量相对于多年平均状况而言，水量波动变化还是比较明显的（图 7.3）。根据对应赋分标准，鄱阳湖蓄水量的评估结果为 30 分。

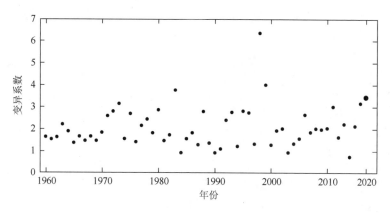

图 7.3　鄱阳湖蓄水量变异系数计算结果

7.2.2　换水周期评估结果

本节选用 1960～2016 年作为鄱阳湖换水周期计算的历史基准期，以此分析 2020 年评估年份的鄱阳湖换水状况的变异。计算发现，历史基准年份，湖泊平均换水周期大概介于 4～18 d，2020 年湖泊平均换水周期约为 11 d（图 7.4）。进一步计算，得出湖泊换水周期的多年变异系数基本小于 0.7，而 2020 年湖泊平均换水周期的变异程度为 0.05，表明评估年湖泊换水情况相对于多年平均而言还是比较稳定的（图 7.5）。根据对应赋分标准，鄱阳湖换水周期的评估结果为 95 分。

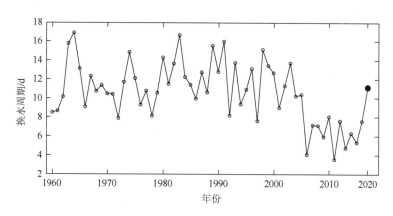

图 7.4　鄱阳湖换水周期计算结果

7.2.3　"五河"入湖径流变异程度

基于鄱阳湖流域"五河"入湖径流实测数据计算评估"五河"入湖径流变异程度，以 1960～2016 年作为历史基准期，分析 2019～2020 年鄱阳湖"五河"入湖径流变异程

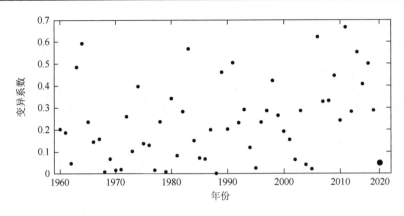

图 7.5　鄱阳湖换水周期变异系数计算结果

度。计算发现，历史基准年份"五河"入湖径流变异程度基本在 0.7～4.04，2001 年"五河"入湖径流变异程度最小，为 0.77，1998 年入湖径流变异程度最大，为 4.04（图 7.6）。近两年"五河"入湖径流变异程度较大，2019～2020 年入湖径流变异程度计算值分别为 2.78 和 1.61，均大于 1.5。根据赋分标准，2020 年"五河"入湖径流变异程度赋分为 44。

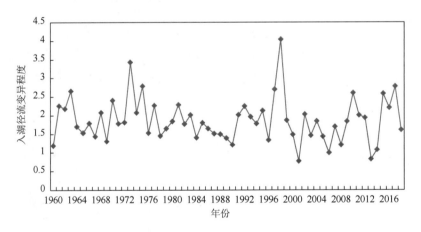

图 7.6　入湖径流变异程度

7.2.4　江湖水量交换变异程度

基于鄱阳湖湖口站实测流量计算评估鄱阳湖江湖水量交换变异程度，计算发现，历史基准年份（1960～2016 年）鄱阳湖江湖水量交换变异程度基本在 0.72～3.50。变异程度最小值出现在 1969 年，为 0.72，最大值出现在 1998 年，为 3.50。2019～2020 年鄱阳湖均属于丰水年，江湖水量交换变异程度较大，计算值分别为 2.52 和 1.05，均大于 1.0。根据赋分标准，2020 年鄱阳湖江湖水量交换变异程度赋分为 72。

7.2.5 湖泊水位变异程度

以鄱阳湖星子站实测水位变化代表鄱阳湖水位变化，并计算评估鄱阳湖水位变异程度，计算发现，历史基准年份（1960～2016 年）鄱阳湖水位变异程度基本在 0.01～0.15。水位变异程度最小值出现在 2003 年，为 0.01，水位变异程度最大值出现在 1998 年，为 0.145。近两年鄱阳湖均属于丰水年，湖泊水位较高，尤其是 2020 年鄱阳湖最高水位已超 1998 年大洪水水位，其计算的水位变异程度为 0.11，根据赋分标准，2020 年赋分为 45。

7.3　水环境指标

鄱阳湖生态系统健康评估水环境得分如图 7.7 所示。

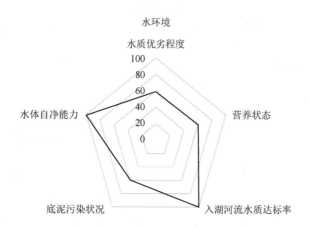

图 7.7　鄱阳湖生态系统健康评估水环境得分

7.3.1 水质优劣程度

鄱阳湖点位水质优良比例为 41.2%，水质轻度污染。其中，III 类比例为 41.2%，IV 类比例为 58.8%，主要污染物为总磷，营养化程度为中营养。综上，2020 年鄱阳湖水质优劣程度得分为 60 分，处于亚健康状态。

7.3.2 营养状态

按照 SL 395—2007 的相关规定评估湖泊营养状态指数。根据湖泊营养状态指数值确定营养状态赋分。根据鄱阳湖站监测数据，2020 年鄱阳湖全湖平均 SD 为 0.54 m，Chl a 浓度为 6.03 mg/L，TN 浓度为 1.84 mg/L，TP 浓度为 0.14 mg/L，根据鄱阳湖站监测数据，2020 年鄱阳湖全湖平均 TLI 为 50.50，得分为 60 分，处于亚健康状态。

7.3.3 入湖河流水质达标率

入湖河流水质达标率的评估标准与方法遵循《地表水资源质量评价技术规程》（SL 395）相关规定，得分为 99 分。

7.3.4 底泥污染状况

采用底泥污染指数即底泥中每一项污染物浓度占对应标准值的百分比进行评估。根据鄱阳湖站监测数据，2020 年鄱阳湖湖区底泥中 Mn 浓度为 967.54 mg/kg，Zn 浓度为 138.71 mg/kg，Cr 浓度为 73.17 mg/kg，Co 浓度为 16.01 mg/kg，Ni 浓度为 33.87 mg/kg，Cu 浓度为 38.81 mg/kg，As 浓度为 20.80 mg/kg，Cd 浓度为 0.96 mg/kg，Pb 浓度为 48.64 mg/kg。按照《中国土壤元素背景值》，选取江西省土壤背景值为参考，其中，Mn 的背景值为 328 mg/kg，Zn 的背景值为 69 mg/kg，Cr 的背景值为 45.9 mg/kg，Co 的背景值为 11.5 mg/kg，Ni 的背景值为 18.9 mg/kg，Cu 的背景值为 20.3 mg/kg，As 的背景值为 14.9 mg/kg，Cd 的背景值为 0.8 mg/kg，Pb 的背景值为 32.3 mg/kg。根据上述赋分标准，其中超标浓度最高的污染物为 Mn，超标倍数为 3 倍。综上，底泥污染状况得分为 60 分。

7.3.5 水体自净能力

若溶解氧浓度超过当地大气压下饱和值的 110%（在饱和值无法测算时，建议饱和值是 14.4 mg/L 或饱和度 192%）时，此项 0 分。根据鄱阳湖站监测数据，2020 年鄱阳湖全湖的 DO 浓度平均为 10.48 mg/L，得分为 100 分，处于非常健康状态。

7.4　水域生态指标

鄱阳湖生态系统健康评估水域生态得分如图 7.8 所示。

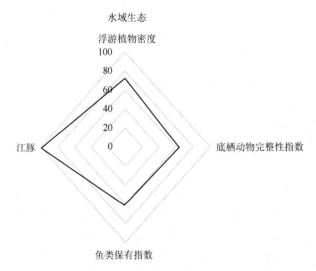

图 7.8　鄱阳湖生态系统健康评估水域生态得分

7.4.1　浮游植物密度

鄱阳湖主湖区浮游植物密度和生物量显著低于周边阻隔湖泊，且阻隔湖泊蓝藻密度和生物量占比更高。与历史相比，鄱阳湖浮游植物密度和生物量呈增加趋势，湖湾、湖汊等局部水域出现蓝藻水华聚集现象。浮游植物细胞丰度和生物量明显增加，物种数减少，蓝藻群体扩张明显。与历史资料相比，鄱阳湖浮游植物群落发生明显演替现象，其中包括细胞丰度和生物量的增加，物种数减少，群落经历绿藻为主到硅藻占优再到蓝藻具备优势的三个阶段。优势种由 1987 年的纤维藻、盘星藻和栅藻等绿藻门浮游植物转变为当前的微囊藻、鱼腥藻等蓝藻门浮游植物。

根据赋分标准，浮游植物密度均值为 122.1 万个/L，赋分为 71.7。

7.4.2　底栖动物完整性指数

夏季丰水期全湖加密监测共鉴定到大型底栖动物 48 种，隶属 7 纲 16 目 22 科 38 属，其中软体动物腹足纲 4 科 6 属 8 种（16.7%），双壳纲 5 科 10 属 12 种（25.0%），环节动物寡毛纲 1 科 2 属 2 种（4.2%），多毛纲 4 科 4 属 4 种（8.3%），蛭纲 2 科 2 属 2 种（4.2%），节肢动物甲壳纲 2 科 2 属 2 种（4.2%），昆虫纲中摇蚊科幼虫 9 属 15 种（31.2%），其他类 3 种（6.2%）。河蚬、铜锈环棱螺和大沼螺在各湖区均占据优势地位，为现阶段的优势种。全湖大型底栖动物的平均密度和平均生物量分别为 158.38 ind/m^2 和 173.76 g/m^2。根据监测数据，计算各样点 B-IBI 得分，介于 23.0～94.8，IBI 均值为 64。

7.4.3　鱼类保有指数

鄱阳湖鱼类约有 134 种，近期调查显示鄱阳湖鱼类物种数不超过 100 种，且以湖泊定居型鱼类主居于绝对优势地位，占比 79.18%，与历史相比，鱼类损失率为 25.4%，河海洄游性鱼类物种损失较多，鲤科中的雅罗鱼亚科、鲌鲏亚科和鲃亚科、鳀科、钝头鮡科、虾虎鱼科和鲀科减少。鄱阳湖鱼类资源呈衰退趋势，表现为鱼类资源小型化、低龄化、低质化发展趋势。现阶段鱼类资源结构主要由"四大家鱼"、鲤、鲫、鲇、黄颡鱼、鳜、翘嘴鲌及短颌鲚等组成，以湖泊定居性鱼类为主。现阶段鄱阳湖鱼类多样性相比历史时期明显下降，根据资料统计，现阶段鄱阳湖鱼类不超过 100 种，鱼类保有指数约为 0.75，赋分 60 分。

7.4.4　江豚

长江江豚在鄱阳湖估算近年来种群数量总体稳定，前期无序挖砂及过度捕捞等造成的栖息地丧失及质量下降、鱼类资源衰退和直接导致的伤亡等是长江江豚生存的主要威胁因素。

参照《长江流域水生生物完整性指数评价办法（试行）》，鄱阳湖江豚基准值为 450 头，现阶段种群数量超过此数量，赋分为 100。

7.5　湿地生态指标

鄱阳湖生态系统健康评估湿地生态得分如图 7.9 所示。

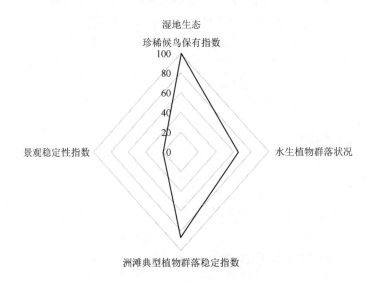

图 7.9　鄱阳湖生态系统健康评估湿地生态得分

7.5.1　珍稀候鸟保有指数

2020 年度全鄱阳湖越冬水鸟调查共统计到水鸟 68 种，数量 68.9 万只，分属于鹧鹧目、鲣鸟目、鹈形目、鹳形目、雁形目、鹤形目、鸻形目 7 目，包括鹧鹧科、鸬鹚科、鹭科、鹳科、鹮科、鸭科、鹤科、秧鸡科、反嘴鹬科、鸻科、鹬科、鸥科、水雉科 13 科。本次调查记录到的重要物种数量如下：白鹤 4015 只，白头鹤 325 只，白枕鹤 651 只，灰鹤 10 653 只，东方白鹳 5620 只，白琵鹭 20 304 只，小天鹅 52 227 只，鸿雁 74 983 只，豆雁 106 196 只，白额雁 63 662 只。经测算，2020 年鄱阳湖珍稀候鸟保有指数 BOE 值为 1.21，对比赋分标准，该指标 2020 年赋分为 100。

7.5.2　水生植物群落状况

2020 年春季调查中，沙湖的 54 个采样点记录到水生植物 5 种，分别为沉水植物苦草、黑藻、小茨藻、金鱼藻和浮叶植物菱（表 7.2）。本次调查中菱和苦草的密度最大、分布最广，黑藻和金鱼藻其次。此外，在沿岸带沟渠中发现了黄花狸藻，在样方以外的敞水区域发现了荇菜、轮藻、篦齿眼子菜、具刚毛荸荠和白花水八角。因此，沙湖春季观测到的水生植物共计 11 种。大湖池的 76 个采样点记录到 13 种水生植物，分别为沉水植物苦草、黑藻、小茨藻、轮藻、黄花狸藻、狐尾藻、金鱼藻（7 种），浮叶植物菱、荇菜（2 种），挺水植物具刚毛荸荠、南荻、水蓼、菰（4 种）（表 7.3 和表 7.4）。总体而言，2020 年度春季鄱阳湖典型水生植物物种数量与生物量较高，长势相对好，秋季相对差，综合评分 65 分。

表 7.2　鄱阳湖碟形湖水生植物种类

2020 年沙湖调查			2020 年大湖池调查		
物种	科	属	物种	科	属
苦草	水鳖科	苦草属	苦草	水鳖科	苦草属
黑藻	水鳖科	黑藻属	黑藻	水鳖科	黑藻属
小茨藻	茨藻科	茨藻属	菱	菱科	菱属
菱	菱科	菱属	荇菜	龙胆科	荇菜属
荇菜	龙胆科	荇菜属	具刚毛荸荠	莎草科	荸荠属
具刚毛荸荠	莎草科	荸荠属	金鱼藻	金鱼藻科	金鱼藻属
金鱼藻	金鱼藻科	金鱼藻属	狐尾藻	小二仙草科	狐尾藻属
轮藻	轮藻科	轮藻属	黄花狸藻	狸藻科	狸藻属
黄花狸藻	狸藻科	狸藻属	小茨藻	茨藻科	茨藻属
白花水八角	玄参科	水八角属	轮藻	轮藻科	轮藻属
篦齿眼子菜	眼子菜科	眼子菜属	菰	禾本科	菰属
			南荻	禾本科	荻属
			水蓼	蓼科	蓼属
			凤眼蓝	雨久花科	凤眼蓝属

表 7.3　沙湖水生植物各物种的频度分析

调查时间	总样点数	物种 i	物种 i 出现的样点数	频度/%
2020 年春季	54	苦草	30	56
		菱	16	30
		黑藻	6	11
		金鱼藻	5	9
		小茨藻	2	4
		荇菜	0	0
		轮藻	0	0
		黄花狸藻	0	0
		篦齿眼子菜	0	0
		具刚毛荸荠	0	0
		白花水八角	0	0

续表

调查时间	总样点数	物种 i	物种 i 出现的样点数	频度/%
秋季	54	菱（菱角）	2	4
		黑藻（冬芽）	3	6
		苦草（冬芽）	4	7

表 7.4　大湖池水生植物各物种的频度分析

调查时间	总样点数	物种 i	物种 i 出现的样点数	频度/%
春季	76	苦草	50	66
		菱	35	46
		水蓼	18	24
		荇菜	15	20
		小茨藻	12	16
		菰	11	15
		具刚毛荸荠	6	8
		轮藻	5	7
		黑藻	2	3
		南荻	2	3
		金鱼藻	1	1
		黄花狸藻	1	1
		狐尾藻	1	1
		凤眼蓝	0	0
秋季	76	菱（菱角）	10	13

7.5.3　洲滩典型植物群落稳定指数

生物多样性指数是植物群落稳定性的重要表征。2020 年灰化薹草群落平均 Shannon-Wiener 指数为 0.178，低于去年同期的 0.233，也略低于多年平均值（0.203）；芦苇群落平均 Shannon-Wiener 指数为 1.328，低于去年同期的 1.572，也略低于多年平均值（1.523）。经测算，2020 年鄱阳湖典型洲滩植物群落稳定指数（SBP）为 0.13，对比赋分标准，该指标 2020 年赋分为 86。

7.5.4　景观稳定性指数

与历史平均 991.9 km² 相比，2020 年洲滩植被覆盖面积显著偏小。经测算，2020 年鄱阳湖景观稳定性指数（LS）为 0.879，对比赋分标准，该指标 2020 年赋分为 20。鄱阳湖湿地近 30 年来呈现显著的增加趋势。植被覆盖面积最小的年份为 2000 年,仅有 227.7 km²,面积最大的年份为 2013 年,达到了 1429.4 km²,总体呈高滩植被挤占中滩植物生长空间,中低滩植被分布空间下延态势(图 7.10)。此外湿地景观呈现破碎化、形状复杂化的趋势,景观连通性下降的变化趋势。鄱阳湖洲滩湿地植物丰富,植被保存完好,类型多样,群落结构完整,季相变化丰富,是亚热带难得的巨型湖泊湖滨沼泽湿地景观,在对湖泊水位变化节律的长期适应过程中,形成了独有的植物生长发育节律和植物群落动态。鄱阳湖湿地典型植物群落的优势种重要值均值在 0.5 以上,对群落结构稳定与生态功能维持具有重要作用;2020 年各群落带优势植物物种没有发生变化,但伴生种有显著差异。

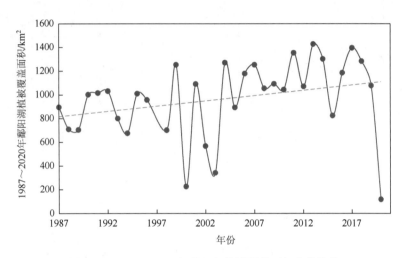

图 7.10　1987～2020 年鄱阳湖植被覆盖面积变化趋势

7.6　社会服务指标

7.6.1　防洪达标率

防洪达标率指已达到防洪标准的堤防长度占堤防总长度的比例。鄱阳湖的防洪工程体系仍存在短板,沿江滨湖地区万亩以下堤防建设标准偏低,抵御洪水能力较差;鄱阳湖生态经济区 139 条重要圩堤总长度 3053 km,其中 46 条重点圩堤长 1694 km、12 条 5 万亩以上圩堤长 447 km、47 条 1 万～5 万亩以上圩堤长 636 km、根据新的建设布局提高防洪标准至 20 年以上的 8 条 0.3 万～1 万亩以上圩堤长 25 km、18 条保护县城以上的城防圩堤长 128 km、8 条长江干堤长 123 km。其中,达到防洪标准的堤防长度占堤防总长度的 55.4%,因此,防洪达标率赋分 70 分,处于亚健康状态。

7.6.2　供水保证率

根据调研资料,鄱阳湖饮用水取水的主要市县有庐山市、都昌县,庐山市鄱阳湖型砂厂取水口水源地，该水源地采用浮动式取水，取水口随水位而变，受鄱阳湖水位季节变化影响较小。都昌站在鄱阳湖饮用水源地取水口高程位置约为 7.98 m，根据 2020 年都昌站逐日水位数据，逐日水位介于 7.78～22.41 m，年均水位为 13.83 m（图 7.11），供水水量保证程度为 97.3%，赋分为 100 分。

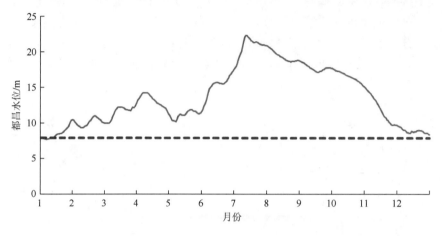

图 7.11　2020 年都昌站逐日水位变化

综合上述结果，鄱阳湖 2020 年供水水量保证程度赋分 100 分。

7.6.3　集中式饮用水水源地水质达标率

根据调研资料，鄱阳湖县级以上集中式饮用水水源地有 3 个，分别是都昌县鄱阳湖水源地、庐山市鄱阳湖水源地、湖口县鄱阳湖水源地，根据集中式生活饮用水水源水质状况报告，上述 3 个水源地 2020 年水质类别分别为 II 类、III 类、III 类，均达到III 类，该指标赋分 100。

7.6.4　公众满意度

公众对鄱阳湖水量、水质、生物多样性、涉水景观等的满意程度，采用公众调查方法评价，其赋分取评价区域内参与调查的公众赋分的平均值。最终得分为 90 分，处于非常健康状态。

7.7　鄱阳湖健康评估结果

鄱阳湖健康状况各分项指标评价结果以及指标类型得分情况如图 7.12 所示。

在物理形态方面，湖泊口门变化得分 49，湖泊萎缩状况和自然岸线保有率得分 100，湖盆冲淤情况得分 72，根据专家打分所获得的权重计算得到物理形态总得分为 81.4，处于健康状态。

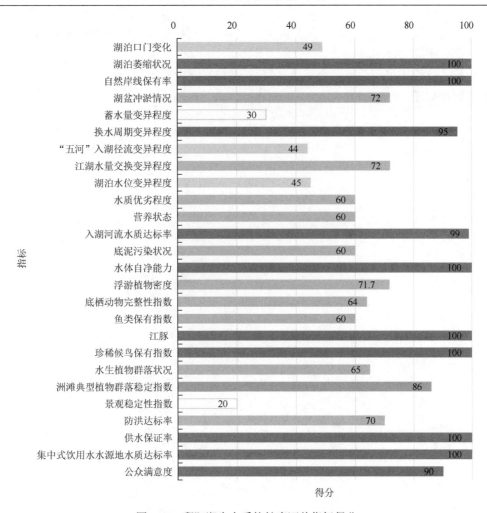

图 7.12　鄱阳湖生态系统健康评估指标得分

水文方面，蓄水量变异程度得分为 30，换水周期变异程度得分为 95，"五湖"入河径流变异程度得分为 44，江湖水量交换变异程度得分为 72，湖泊水位变异程度得分为 45，根据专家打分所获得的权重计算得到水文综合得分为 60.5，处于亚健康状态。

水环境方面，水质优劣程度得分 60，营养状态得分 60，入湖河流水质达标率为 99 分，底泥污染状况得分 60，水体自净能力得分 100，根据专家打分所获得的权重计算得到水环境综合得分为 75.8，处于健康状态。

水域生态方面，浮游植物密度得分 71.7，底栖动物完整性指数得分 64，鱼类保有指数得分 60，江豚得分 100。根据专家打分所获得的权重计算得到水域生态综合得分为 75.73，处于健康状态。

湿地生态方面，珍稀候鸟保有指数得分 100，水生植物群落状况得分 65，洲滩典型植物群落稳定指数得分 86，景观稳定性指数得分 20，湿地生态综合得分 69.5，处于亚健康状态。

社会服务方面，防洪达标率得分 70，供水保证率得分 100，集中式饮用水水源地水质达标率得分 100，公众满意度得分为 90，社会服务综合得分 97.5，表明鄱阳湖的社会服务功能处于非常健康状态。

根据各指标类型得分及其权重，计算鄱阳湖健康体征状况综合评价得分为 74.2，评价结果为亚健康。

第8章 鄱阳湖生态环境问题分析与保护对策

8.1 鄱阳湖主要生态环境问题分析

鄱阳湖作为长江中游典型的大型通江湖泊，其水文情势变化与区域水资源、生态、环境、经济等诸多问题息息相关。在过去 60 年里，受气候变化与人类活动的双重影响，鄱阳湖水文情势已发生了不同程度的变化，江湖关系的变化使得鄱阳湖区域水资源、水环境、水生态及社会发展等面临一系列问题。尤其是 2000 年以来，该区域极端水文事件频发、季节性水资源紧张、湖泊萎缩、水环境质量恶化、水域和湿地生态系统结构与功能退化。这一系列变化使鄱阳湖面临着前所未有的水安全和生态安全压力，也引起了国内外科学界和社会舆论的广泛关注。

8.1.1 鄱阳湖湖区极端洪旱灾害问题

1. 洪水灾害频发

鄱阳湖与周围水系的水量交换关系复杂，再叠加气候变化与人类活动的影响，使该区域洪涝灾害频繁出现。据统计，1983 年鄱阳湖洪水湖口水位达 21.71 m，超过 1954 年特大洪水的 21.68 m，滨湖地区 108 座圩堤溃决，淹没农田 427 km²。至 20 世纪 90 年代，鄱阳湖洪水发生的频率和强度更是显著增加，大的洪涝灾害就有 4 次，比历史上任何时段都更为频繁，其中 1998 年特大洪水湖口实测水位最高达 22.59 m，为当时有记录以来的最高水位。近两年 2019 年和 2020 年鄱阳湖又连续出现大洪水，其中 2020 年更是遭遇超历史大洪水，最高水位超过了 1998 年大洪水，导致 673.3 万人受灾，74.2 hm² 农作物受灾，直接经济损失约 313.3 亿元，给人民生命财产安全和经济社会发展带来严重威胁和影响。

2. 枯水问题日益加剧

受气候变化与人类活动的双重影响，鄱阳湖季节性水资源紧张、汛后水位消退加速、湖泊萎缩等干旱化问题日益严重。尤其是 2000 年以来，受流域及湖区强人类活动的干扰和长江上游大型水利工程的影响，江湖关系变化，水量平衡关系改变，湖区干旱事件更为频繁且日趋严重。例如，2003 年、2006 年、2007 年、2011 年湖区都发生了持续性的严重干旱，枯水位屡创新低。2007 年 12 月，湖区内都昌站的水位曾连续 20 多天低于历史最低水位，鄱阳湖几近枯竭，导致湖区水草和芦苇大面积枯死，并造成湖区成千上万居民的用水困难。而 2009 年 2 月 2 日鄱阳湖湖口水位跌破 8.0 m，创下当时有实测水文资料以来历史同期最低水位纪录。枯水位降低、枯水期提前、枯水持续时间延长及春夏连旱、伏秋连旱，这是近年来鄱阳湖区干旱特征的集中写照。

2022 年鄱阳湖提前 100 d 进入枯水期，创 71 年以来最早纪录；鄱阳湖水位持续下降，刷新 1951 年有记录以来历史最低水位；湖区干旱加剧，江西大部分区域都已经达到"重旱"级别，形势严峻。从自然因素来看，降水减少与极端高温天气使流域"五河"来水锐减是造成鄱阳湖此次极端枯水现象的主要原因；从社会和人类活动影响来看，湖区用水量持续增加进一步加剧了枯水现象。极端洪水也对鄱阳湖湖区生态环境产生了很多影响，首先，造成湖区地表水资源量急剧减少，威胁人畜饮水及农田灌溉；其次，引发环鄱阳湖区地下水资源亏空，造成不良生态地质环境问题；再次，导致鄱阳湖水体自净能力下降，湖区水质面临恶化风险；最后，造成鄱阳湖湿地水文连通性受损，严重影响湿地生态系统结构与功能。

8.1.2　鄱阳湖水质问题

目前鄱阳湖整体的水环境问题尚未呈现严重的富营养化情况，但是水质却表现出明显的下降趋势。据水文部门的监测数据，20 世纪 80 年代鄱阳湖水质以Ⅰ、Ⅱ类为主，平均占湖泊面积的 85%，呈缓慢下降趋势；90 年代仍以Ⅰ、Ⅱ类水为主，平均占 70%，下降趋势有所加快；进入 21 世纪，特别是 2003 年以后，Ⅰ、Ⅱ类水只占 50%，下降趋势急剧增加；到 2006 年后，鄱阳湖水全年优于Ⅲ类的不到六成，属于Ⅲ类的有两成多，劣于Ⅲ类的则逼近两成。2009~2019 年，大多数水质参数如 Chl a、TN 和 NO_3^--N 呈现显著的增加趋势。目前鄱阳湖水质总体以Ⅲ~Ⅳ为主，主要污染物为总磷，营养状态为轻度富营养。受水文情势变化等因素影响，鄱阳湖近年水质处于波动变化，优Ⅲ比例不高，Ⅴ类水仍然存在。例如，2018~2021 年鄱阳湖监测断面优Ⅲ比例仅为 5.9%、5.9%、41.2%、16.7%，Ⅳ类比例分别为 76.5%、88.2%、58.8%、77.8%，Ⅴ类比例分别为 17.6%、5.9%、0%、5.6%，表明水质不稳定。现阶段主要污染物为总磷，2018~2021 年总磷浓度分别为 0.082 mg/L、0.069 mg/L、0.058 mg/L、0.068 mg/L，总体呈现下降趋势，但仍处于Ⅴ类水质标准。营养状态方面，2018~2021 年分别为轻度富营养、中营养、中营养、轻度富营养，表明未能稳定在中营养状态，监测结果显示断面占比以轻度富营养为主。

8.1.3　鄱阳湖水生态问题

1. 局部水域蓝藻水华风险较高

监测结果显示现阶段鄱阳湖优势类群主要为绿藻门、硅藻门和蓝藻门。浮游植物细胞丰度年均值 122 万个/L，生物量年均值 0.55 mg/L，总量不高。但夏季调查结果显示，浮游植物空间分布上主湖区密度均值为 524 万个/L。长期来看，鄱阳湖浮游植物细胞丰度和生物量呈增加的趋势，20 世纪 80 年代以来，鄱阳湖浮游植物细胞丰度和生物量明显增加，以蓝藻增加最为明显，群落经历绿藻为主到硅藻占优再到蓝藻具备优势的三个阶段。现阶段优势类群主要为蓝藻门、绿藻门、硅藻门，优势种包括蓝藻门的富营养种类微囊藻、浮游鱼腥藻、浮游蓝丝藻等。鄱阳湖浮游植物年均丰度不高，但夏季丰水期蓝藻密度较高，2021 年和 2022 年夏季丰水期监测结果显示蓝藻密度均值分别为 1084 万个/L、1875 万个/L，藻类密度已具备发生水华的基础，野外调查发现在水动力缓慢的局部水域水色发绿、蓝藻水华群体肉眼可见，在水动力缓慢的局部水域蓝藻水华风险较高。

2. 底栖动物物种多样性降低，群落结构趋于小型化

与历史相比，鄱阳湖底栖动物群落结构发现明显变化，表现为物种丰富度下降，群落结构趋于小型化，软体动物密度呈降低趋势，优势种从 20 世纪 90 年代的大型软体动物（包括多种蚌类）转变为当前小型软体动物（螺、蚬）与耐污能力较强的寡毛类共存的格局。底栖动物群落小型化可能降低底栖食性鱼类捕食效率，增加了其在获得食物中所消耗的能量，导致食物网能量流动过程受到限制。此外，近年来鄱阳湖干旱加剧对底栖动物资源量影响严重，主湖区和碟形湖水位迅速下降，导致湖床大面积提前出露甚至完全干枯，底栖贝类大面积死亡，底栖动物生物量损失必将显著减少鸻鹬类等底栖食性候鸟、底栖食性鱼类的饵料资源。

3. 鱼类群落结构小型化和低龄化

长江十年禁渔实施以来，鄱阳湖鱼类群落恢复效果初现，表现为记录到的鱼类物种数增加、"四大家鱼"、刀鲚等经济鱼类资源量在逐步恢复，退化趋势得到遏制。但 2019～2021 年调查物种数（63～78 种）与历史状态（102 种）相比仍有较大差距，种类组成趋于简单，主要由鲤科、鲿科和鳅科组成，且以湖泊定居型鱼类主居于绝对优势地位（占比 79.18%），江湖洄游性鱼类衰退明显，江海洄游性鱼类仅有短颌鲚呈规模存在，其他江海洄游性鱼类几乎绝迹。鱼类资源小型化、低龄化的特征尚未根本好转。长期来看，历史过度捕捞、大规模采砂、生境退化、低枯水位频发等因素对鱼类资源的负面效应依然存在。

8.1.4　鄱阳湖洲滩湿地生态系统演变问题

鄱阳湖"浅碟形"湖盆特点和独特的水文节律孕育了独特的湿地生态系统，但湖区极端水情变化使得湿地生态系统正面临着生态系统结构稳定性降低、生物多样性下降及景观格局破碎化趋势加剧等一系列威胁，已严重影响整个湿地生态系统的完整性和稳定性。

1. 生态系统结构稳定性降低

近 20 年来湖泊水位的异常变动导致鄱阳湖洲滩湿地生态系统结构稳定性下降，突出表现在高滩植物挤占中低滩植被分布空间，同时高滩植被带旱生植物入侵趋势明显，芦苇等原生建群种优势度下降。

2. 生态功能下降

突出表现在低滩植物下延趋势明显，薹草带扩张显著，使得水陆过渡带的湿地植物物种多样性显著下降，也导致洪水期水生植物空间分布面积萎缩，物种数量下降。

3. 景观格局破碎化趋势加剧

近 30 年来，鄱阳湖洲滩湿地斑块呈破碎化、面积缩小、形状复杂化、景观连通性下降等趋势，全湖洲滩湿地景观结构的稳定性下降。

8.1.5　人类活动影响问题

以资源开发和利用为主的区域人类活动主导着鄱阳湖这一开放动态系统的生态环境发展演变。中华人民共和国成立之初，因应社会发展之需要，湖泊大规模垦殖成农田，湖泊面积由中华人民共和国成立初期的 5200 km^2 急剧减少到 2933 km^2，湖泊容积减小了 80 亿 m^3。湖泊面积和容积的减少直接导致湖泊洪水调蓄功能的下降。1998 年长江流域特大洪水之后，国家在长江中游启动了"平垸行洪、退田还湖、移民建镇"工程，鄱阳湖地区部分圩田还湖，洪水调蓄能力扩大。进入 21 世纪后，三峡工程及上游控制性枢纽工程建设运行、湖区采砂、区域社会经济发展等人类活动使鄱阳湖水文情势和生态环境发生了空前的变化。

水利工程建成运行改变了长江中游水文节律，削减了上游来水洪峰。长江洪峰削减降低了洪水对鄱阳湖的顶托，减轻了鄱阳湖来自长江上游洪水的压力。但汛末三峡蓄水拦蓄水量，长江水位快速消落，前期泄水加快，使鄱阳湖枯水时间提前约 2 周，广袤洲滩湿地提前出露。另外，鄱阳湖大规模地无序采砂改变了其与长江关系。受采砂影响，鄱阳湖通江水道典型断面河床比 1998 年平均下切了 6.3 m，湖泊出流能力较采砂前增加 1.5~2 倍，同水位条件下湖泊泄流量显著增加。采砂以及气候波动影响，造成了近 10 多年来鄱阳湖枯水水情的变异，即退水加快、枯水位提前。采砂也同时改变了湖盆结构，湖泊内部的水位分布格局也发生了明显变化，枯水期都昌站和星子站水位落差明显减小，都昌站水位大幅下降。

8.2　保　护　对　策

8.2.1　完善鄱阳湖生态环境监测与监控体系

1. 加强观测站网建设

加大鄱阳湖观测站网建设，提升原始基础数据覆盖面，构建全要素、多过程的动态感知监测与监控体系。为统筹鄱阳湖生态环境监测，应大力整合鄱阳湖水文、水生态、水环境等监测资源，并深化、加密鄱阳湖生态环境监测体系，增加监测项目与内容，对鄱阳湖生态环境开展全面、系统的长期监测和监管，确保鄱阳湖生态安全与水安全。

2. 提升监测技术手段

利用 5G、卫星、遥感、无人机、大数据等现代信息技术提升水利、生态、环境、气象、农业等感知自动化、智能化水平，实现全要素、网格化、立体化监测感知。同时，以大数据集成应用为驱动，建立鄱阳湖点、面多源数据融合及监测应用方法体系。

3. 构建技术与决策深度融合的综合预警平台

以数字化、网络化、智能化为主线，以数字化场景、智慧化模拟、精准化决策为路径，构建包含水资源、水生态、水环境、水工程、综合决策等智能应用模块的技术与决策深度融合的智慧鄱阳湖生态-水安全综合预警平台，全面提升对气候、水情、生态、环境变化预报预警、分析评价、决策支持及精细化管理等能力。

8.2.2 构建湖区与流域协同防洪体系

1. 完善防洪工程体系与洪水调控

长江洪水峰高量大的特点决定了在今后相当长的时期内，长江中游鄱阳湖区域洪涝灾害不可能完全消除，人类必须通过洪水管理增强自身的适应能力和承担风险的能力，并规范和调整自身的行为。加强防洪工程体系与洪水调控，完善城市防洪排涝能力建设，发挥水利工程防洪减灾的效益。加快康山、珠湖等 4 个蓄滞洪区建设、万亩圩堤除险加固、重点圩堤升级提质、单退圩堤加固整治、千亩圩堤除险加固、提高洪水防御能力。开展长江干流与"五河"流域水利工程的联合调度与调控，整治和扩建湖泊下泄水河道，提高泄流能力。

2. 加强湖区与流域协同治理

开展长江干流与"五河"流域水利工程的联合调度与调控，同时，进一步加快实施"上拦""中蓄""下泄"的流域性系统措施，即上游提高植被覆盖率，加强水土保持，均化洪水径流，并在入湖河流的干支流上辅以兴建蓄滞洪区、行洪区；湖区平垸行洪、退田还湖，扩大湖泊的调蓄容积，加强堤防体系建设，提高湖泊的调蓄能力；下游整治和扩建湖泊下泄水河道，提高泄流能力。

3. 加强非工程措施投入

对于洪水灾害的防治除必要的工程措施外，还要更多地采取非工程措施，如气候、水情预报和预警、洪水风险图的制定和风险管理制度的实施、科学地规划分洪区和行洪道土地利用方式、水库群的联合调度和生态调度、洪水保险等制度的推进，这样既可以减少水利工程对生态环境的影响，也可以减少工程建设和运行管理费用的投入，以实现真正的人水和谐、人与自然和谐的目标。

8.2.3 加强入湖污染物总量控制

1. 加强主要入湖河流污染物排放控制

根据鄱阳湖"五河"流域的社会经济状况和水污染特点及对鄱阳湖水环境的影响，河道污染治理应该坚持统一规划、突出重点、标本兼治、分步实施的原则，采取多种措施进行综合治理。重点加强"五河"流域生活、工业污染源和农村面源污染控制。筹建生活污水处理厂，提高生活污水处理率，最大限度地降低城镇生活污水对"五河"水质的影响。

2. 严格控制工业、生活污水直排鄱阳湖

鄱阳湖周边分布着大量城镇和工业企业，城镇生活污水和工业废水相当大一部分未经处理直接排入鄱阳湖，从而造成鄱阳湖污染。应加强城镇污染的集中控制，加快城镇污水处理厂建设进程，完善污水收集管网，提高污水处理效率和处理深度，建议建设鄱阳湖滨湖区重点乡镇污水处理设施；巩固工业污染源达标成果，加强管理，杜绝偷排现象发生，提高工业废水集中处理水平。另外，还应该开展鄱阳湖全流域工业结构调整，实施清洁生产，坚持总量控制管理，最终减少污染物入湖总量。

3. 推进产业结构调整减排

积极推进产业结构调整减排和绿色生产，大力构建优势产业集群，以工业园区为平台，推广循环经济发展模式，增强企业核心竞争力，淘汰落后工艺，全面落实节能减排。在工业产业布局方面，要适当地与城镇发展规划建设乡衔接，尽量不要过于集中。

4. 加强湖滨区畜禽养殖污染防治

重视对鄱阳湖湖滨区畜禽养殖污染源的控制，目前鄱阳湖湖滨区部分规模化畜禽养殖场污染处置设施建设滞后问题仍然存在，大量畜禽养殖废水和粪便未经处理直接排入周边池塘或洼地，对周边生态环境和农村生活环境造成严重影响。对其产生的废水采取合适的污水处理措施进行治理，保证污水除氮脱磷的处理效果或者保证废水不外排；加强对家禽养殖场的管理，推行对家禽粪便、废饲料的回收利用，走污染物循环利用的道路。

8.2.4　加大鄱阳湖珍稀濒危鱼类及候鸟保护

1. 建立鄱阳湖鱼类生境保护区

高度重视保护鄱阳湖的主要经济鱼类、珍稀及濒危鱼类的生境，以保护鄱阳湖水生生物资源为主线，对保护区内的经济鱼类、珍稀濒危鱼类等进行常年监测并开展相关科学研究和科学规划，建立鄱阳湖鱼类生境保护区，适度控制人类活动对鱼类的干扰，尽量恢复其栖息地的自然性属性。同时，有计划地开展人工放流经济鱼类种苗，可以增加经济鱼类资源中低、幼龄鱼类数量，扩大群体规模，储备足够量的繁殖后备群体。

2. 鄱阳湖候鸟调查监测常态化

鄱阳湖是世界上重要的候鸟越冬地，鄱阳湖地区越冬期集中了全球大比例的濒危鸟类，如占全球 90%以上的白鹤、50%的白枕鹤和 60%的鸿雁迁来鄱阳湖越冬。但对鄱阳湖区候鸟的监测，还仅限于短时间、小范围或单物种的监测研究，缺乏全面系统科学的数据积累。建议针对鄱阳湖区候鸟，制定一个可稳定重复的系统调查方案，长期监测鄱阳湖地区的鸟类动态，并定期发布调查报告。根据鸟类密度、群落结构、保护级别，以及对生境的利用频次等指标，定量建立鸟类空间分布的分级评价体系。另外，依法严厉打击乱捕滥猎候鸟等野生动物等违法行为，全面清查和处理鄱阳湖及周边重点区域的天网、粘网、毒饵等危害候鸟栖息安全的隐患。

3. 加强候鸟栖息地保护管理

碟形湖尽管在短期内能提供给鸟类充足的食物和适宜生境，但水位下降至底点后，所有的生境将遭受彻底的破坏，水鸟被迫重新选择适栖地，自然生存环境受到了严重干扰。建议从候鸟保护角度出发，对国家级自然保护区内的所有湖泊管理，施行保护区承包市场运作、政府划拨、生态渔业补偿等方式获取湖泊管理权，以保护候鸟的栖息环境。加快实施湖滨带植被与生境恢复工程、自然保护区核心区栖息地重建工程，在湖区内选取具有典型性和代表性的珍稀野生动植物栖息地和集中分布区进行封育，创造良好的生境等。大力推行湿地生态补偿机制，对鄱阳湖重要湿地因保护候鸟等野生动物而遭受的损失或影响给予补偿。

8.2.5　提升鄱阳湖湿地保护水平

1. 划定鄱阳湖湿地区生态红线

加快鄱阳湖区生态红线划定工作，并制定相应的管控措施，严格执行生态红线管理，减少人为干扰。实施湖滨带植被与生境恢复工程、自然保护区核心区栖息地重建工程，在湖区内选取具有典型性和代表性的珍稀野生动植物栖息地和集中分布区进行封育，创造良好的生境等。

2. 构建系统的湿地恢复与保护体系

科学判别鄱阳湖湿地生态系统状态及其对应的组成结构特征，着眼湿地生态系统整体性，识别不同湿地植被对水因子需求的差异性，开展多目标优化及权衡，为植被群落结构优化确立目标导向，为通过水文过程调控恢复湿地植被、改善整个生态系统的结构和功能提供依据；针对湿地结构和功能的空间异质性，应在分别考虑供给、调节、支持、文化四大类生态服务功能的同时，结合技术经济成本和自然条件禀赋，开展湿地重要性和优先级分区评估，构建系统的湿地恢复与保护体系。

3. 推行湿地生态补偿机制

大力推行湿地生态补偿机制，对鄱阳湖重要湿地因保护候鸟等野生动物而遭受的损失或影响给予补偿。并与社区生态修复与环境整治项目相结合，坚持"谁保护、谁受益""谁受损、补偿谁"原则，确定补偿对象，确保信息公开、程序公正、补偿公平。

8.2.6 重视鄱阳湖水系统变化机理研究

加强流域水循环与水资源配置、防汛抗旱、水生态环境演变与治理修复、水土流失监控与防治、生态水利等方面的基础理论研究，尤其是加强鄱阳湖流域自然过程与人类活动的耦合机理研究，揭示流域尺度水量时空变化格局及人类活动影响下鄱阳湖水文情势变化趋势与驱动机制，阐明江湖关系改变对鄱阳湖水位、湖泊水量平衡、湖泊水动力场及洲滩湿地生态的影响，辨析鄱阳湖多要素、多过程和多尺度联系与反馈的作用机理，进一步研究建立以鄱阳湖水位及保护湖岸湿地和湖泊功能为目标、以"五河"入流调节、鄱阳湖水利枢纽和长江上游水库群运行为调控手段的鄱阳湖水系统多目标调控模型，通过水系统多目标综合调控模型及优化算法，为鄱阳湖建闸、水库群调度运行及"五河"入湖水情变化分析等水系统调控机制、水安全对策提供科学依据。

8.2.7 完善湖泊流域保护机制，提高社会公众参与鄱阳湖保护意识

建立和完善湖泊保护综合评价与考核制度，建立跨区域湖泊流域联防联控机制，构建湖泊流域生态产品价值实现机制，形成政府主导、社会参与的湖泊流域保护模式。探索设立湖泊流域绿色发展基金，强化对湖泊生态环境治理技术研发、示范应用、产业化全链条的支持力度。推动湖泊保护纳入国家和地方立法计划，加快湖泊保护治理的相关法规体系建设，健全湖泊流域保护行政执法与刑事司法衔接工作机制。通过宣传引导，营造全民行动、全社会共同参与的良好氛围。充分利用各类媒体和传播手段，持续推进节水、河湖保护、水土保持等宣传，提升社会水生态环境保护意识。加大公众参与力度，提高管理信息透明度，促进公众参与鄱阳湖治理与宣传工作。充分发挥政府作用和市场机制，加快建立以政府为主导、全社会共同参与的多元生态文明建设市场化机制，积极鼓励社会资本以政府和社会资本合作（public-private-partnership，简称 PPP）等方式参与鄱阳湖综合治理工作。

8.2.8 统筹湖泊生态环境治理与流域综合管控，进一步推动湖泊流域高质量发展

从湖泊流域生态系统整体性出发，进一步统筹"山水林田湖草沙冰"系统的各要素，把治水与治山、治林、治田等有机结合起来，将湖体、湖滨带、环湖缓冲带和整个流域作为不可分割的有机整体，实行湖泊流域综合管理；围绕水污染防治、水环境治理、水生态修复等目标，加强湖泊流域统筹管理，构建一体化保护与系统治理体系；坚持生态优先、绿色发展的系统思维，加强湖泊流域空间科学管控，协同保护与利用的关系，探索资源消耗少、环境代价小的湖泊流域高质量发展路径。

8.2.9 启动湖泊流域生态修复工程，进一步推动湖泊高质量保护

实施湖泊生态缓冲带建设工程、水系整治与连通工程、污染治理与资源化利用工程、湖泊自然保护与生态修复工程、湖泊保护的能力建设和科技支撑工程等，全面提升湖泊保护和治理水平。对富营养化湖泊继续加大污染物管控力度，稳步改善湖泊水质，实施生态修复工程，逐步恢复良性生态系统；对水质较好湖泊强调优先保护，探索全周期过

程治理方式，积极推动湖体和湖荡、上游流域水源涵养区、重要入湖通道、主要过水湖泊、重要疏水通道、河湖岸带等重要生态系统联动保护和修复治理。

8.2.10　完善湖泊流域保护机制，推动湖泊保护立法

建立和完善湖泊保护综合评价与考核制度，建立跨区域湖泊流域联防联控机制，构建湖泊流域生态产品价值实现机制，形成政府主导、社会参与的湖泊流域保护模式。探索设立湖泊流域绿色发展基金，强化对湖泊生态环境治理技术研发、示范应用、产业化全链条的支持力度。推动湖泊保护纳入国家和地方立法计划，加快湖泊保护治理的相关法规体系建设，健全湖泊流域保护行政执法与刑事司法衔接工作机制。

参 考 文 献

《鄱阳湖研究》编委会. 1988. 鄱阳湖研究[M]. 上海：上海科学技术出版社.

蔡路路，赵军凯，缪家辉. 2017. 1954—2013 年鄱阳湖流域气温变化特征及空间差异[J]. 上饶师范学院学报，37(6): 89-95.

常剑波，曹文宣. 1999. 通江湖泊的渔业意义及其资源管理对策[J]. 长江流域资源与环境，8(2): 153-157.

戴星照，方豫，陈葵，等. 2003. 鄱阳湖流域综合规划与管理技术[J]. 江西科学，(3): 217-221.

董林垚，唐文坚，陈建耀，等. 2022. 温度示踪界面水文过程研究进展及发展趋势[J]. 长江科学院院报，39(4): 21-26，33.

杜冰雪，徐力刚，张杰，等. 2019. 鄱阳湖富营养化时空变化特征及其与水位的关系[J]. 环境科学研究，32(5): 795-801.

范宏翔，徐力刚，朱华，等. 2021. 气候变化和人类活动对鄱阳湖水龄影响的定量区分[J]. 湖泊科学，33(4): 1175-1187.

范伟，章光新，李然然. 2012. 湿地地表水——地下水交互作用的研究综述[J]. 地球科学进展，27(4): 413-423.

冯文娟. 2020. 水文情势对湖泊湿地植物-土壤交互关系的影响研究[D]. 南京：中国科学院南京地理与湖泊研究所.

冯文娟，徐力刚，范宏翔，等. 2015. 梅西湖与鄱阳湖水位变化关系及其水量交换过程分析[J]. 陕西师范大学学报（自然科学版），43(4): 83-88.

傅培峰，王生，贺刚. 2017. 浅谈江西省鄱阳湖长江江豚保护[J]. 江西水产科技，3: 44-46，48.

郭华，姜彤，王国杰，等. 2006. 1961—2003 年间鄱阳湖流域气候变化趋势及突变分析[J]. 湖泊科学，(5): 443-451.

胡振鹏，葛刚，刘成林. 2015. 鄱阳湖湿地植被退化原因分析及其预警[J]. 长江流域资源与环境，24(3): 381-386.

姬志军，张连明. 2019. 鄱阳湖流域降雨量及降雨侵蚀力时空分布特征[J]. 人民黄河，41(6): 81-84.

姜加虎，黄群. 1997. 三峡工程对鄱阳湖水位影响研究[J]. 自然资源学报，(3): 219-224.

金斌松，聂明，李琴，等. 2012. 鄱阳湖流域基本特征、面临挑战和关键科学问题[J]. 长江流域资源与环境，21(3): 268-275.

赖锡军，黄群，张英豪，等. 2014a. 鄱阳湖泄流能力分析[J]. 湖泊科学，4: 529-534.

赖锡军，姜加虎，黄群. 2014b. 三峡对长江中下游干流汛末水位影响——2006—2011 年实例模拟[J]. 长江流域资源与环境，4: 475-481.

李相虎，张奇，邵敏. 2012. 鄱阳湖流域叶面积指数时空变化特征及其与气候因子的关系[J]. 长江流域资源与环境，21(3): 296-301.

刘福红，叶许春，郭强，等. 2021. 鄱阳湖流域不同土地覆被碳水利用效率时空变化及其与气候因子的相关性分析[J]. 生态学报，(2): 1-13.

刘观华，余定坤，罗浩. 2019. 江西鄱阳湖国家级自然保护区自然资源 2019—2020 年监测报告[M]. 南昌：江西科学技术出版社.

刘绍平，陈大庆，段辛斌，等. 2004. 长江中上游四大家鱼资源监测与渔业管理[J]. 长江流域资源与环境，

13(2): 183-186.

欧阳珊, 詹诚, 陈堂华, 等. 2009. 鄱阳湖大型底栖动物物种多样性及资源现状评价[J]. 南昌大学学报（工科版）, 31(1): 9-13.

潘艺雯, 应智霞, 李海辉, 等. 2019. 水文过程和采砂活动下鄱阳湖湿地景观格局及其变化[J]. 湿地科学, 17(3): 286-294.

钱奎梅, 刘宝贵, 陈宇炜. 2019. 鄱阳湖浮游植物功能群的长期变化特征（2009—2016 年）[J]. 湖泊科学, 31(4): 1035-1044.

钱新娥, 黄春根, 王亚民, 等. 2002. 鄱阳湖渔业资源现状及其环境监测[J]. 水生生物学报, 26(6): 612-617.

唐国华. 2017. 鄱阳湖湿地演变、保护及管理研究[D]. 南昌: 南昌大学.

万荣荣, 杨桂山, 王晓龙, 等. 2014. 长江中游通江湖泊江湖关系研究进展[J]. 湖泊科学, 26(1): 1-8.

王然丰, 李志萍, 李云良, 等. 2017. 近 60 年鄱阳湖水情演变特征[J]. 热带地理, 37: 512-521.

王若男, 刘晓波, 韩祯, 等. 2021. 鄱阳湖湿地典型植被对关键水文要素的响应规律研究[J]. 中国水利水电科学研究院学报, 1-8.

王苏民, 窦鸿身. 1998. 中国湖泊志[M]. 北京: 科学出版社.

王天宇, 王金秋, 吴健平. 2004. 春秋两季鄱阳湖浮游植物物种多样性的比较研究[J]. 复旦学报（自然科学版）, 43(6): 1073-1078.

王晓龙, 吴召仕, 刘霞, 等. 2018. 鄱阳湖水环境与水生态[M]. 北京: 科学出版社.

王晓龙, 徐力刚, 徐金英, 等. 2021. 鄱阳湖洲滩湿地[M]. 北京: 科学出版社.

吴建东, 刘观华, 金杰峰, 等. 2010. 鄱阳湖秋季洲滩植物种类结构分析[J]. 江西科学, 28(4): 549-554.

肖文, 张先锋. 2002. 鄱阳湖及其支流长江江豚种群数量及分布[J]. 兽类学报, 22(1): 7-14.

谢冬明, 郑鹏, 邓红兵, 等. 2011. 鄱阳湖湿地水位变化的景观响应[J]. 生态学报, 31(5): 1269-1276.

谢钦铭, 李云, 熊国根. 1995. 鄱阳湖底栖动物生态研究及其底层鱼产力的估算[J]. 江西科学, 3: 161-170.

谢欣铭, 李长春, 彭赐莲. 2000. 鄱阳湖浮游藻类群落生态的初步研究[J]. 江西科学, 18(3): 162-166.

徐金英, 陈海梅, 王晓龙. 2016. 水深对湿地植物生长和繁殖影响研究进展[J]. 湿地科学, 14(5): 725-732.

徐力刚, 赖锡军, 万荣荣, 等. 2019. 湿地水文过程与植被响应研究进展与案例分析[J]. 地理科学进展, 38(8): 1171-1181.

徐力刚, 谢永宏, 王晓龙. 2022. 长江中游通江湖泊洪泛湿地生态环境问题与研究展望[J]. 中国科学基金, 36(3): 406-411.

许秀丽, 李云良, 谭志强, 等. 2021. 鄱阳湖典型湿地地下水——河湖水转化关系[J]. 中国环境学, 41(4): 1824-1833.

姚仕明, 雷文韬, 渠庚, 等. 2020. 基于遥感影像的鄱阳湖 2020 年汛期灾情分析[J]. 人民长江, 51(12): 185-190.

叶春, 刘元波, 赵晓松, 等. 2013. 基于 MODIS 的鄱阳湖湿地植被变化及其对水位的响应研究[J]. 长江流域资源与环境, 22(6): 705-712.

殷康前, 倪晋仁. 1998. 湿地研究综述[J]. 生态学报, (5): 93-100.

殷书柏, 李冰, 沈方, 等. 2015. 湿地定义研究[J]. 湿地科学, 13(1): 55-65.

游海林, 吴永明, 徐力刚, 等. 2021. 基于声音监测的鄱阳湖典型湿地鸟类多样性及对人类活动的响应[J]. 环境监测管理与技术, 33(6): 14-18.

原立峰, 杨桂山, 李恒鹏, 等. 2013. 基于 GIS 和 USLE 的鄱阳湖流域土壤侵蚀敏感性评价[J]. 水土保持通报, 33(5): 196-201, 209, 309.

张奇, 刘元波, 姚静, 等. 2020. 我国湖泊水文学研究进展与展望[J]. 湖泊科学, 32(5): 1360-1379.

张先锋, 刘仁俊, 赵庆中, 等. 1993. 长江中下游江豚种群现状评价[J]. 兽类学报, 4: 260-270.

赵修江. 2009. 河流系统鲸豚类种群数量调查方法探索及其应用研究[D]. 武汉: 中国科学院水生生物研

究所.

朱广伟. 2009. 太湖水质的时空分异特征及其与水华的关系[J]. 长江流域资源与环境，18(5): 439-445.

Cai Y J，Lu Y J，Wu Z S，et al. 2014. Community structure and decadal changes in macrozoobenthic assemblages in Lake Poyang，the largest freshwater lake in China[J]. Knowledge and Management of Aquatic Ecosystems，414: 9.

Chappell N，Ternan L. 1992. Low path dimensionality and hydrological modelling[J]. Hydrological Processes，6(3): 327-345.

Chen J，Zhao X，Zhang Y，et al. 2021. Responses to drought stress in germinating seeds of *Agriophyllum squarrosum*（L.）and *Setaria viridis*（L.）[J]. Fresenius Environmental Bulletin，30(5): 4730-4741.

Chen X，Feng L，Chuan M，et al. 2016. Four decades of wetland changes of the largest freshwater lake in China: Possible linkage to the three gorges dam？[J]. Remote Sensing of Environment: An Interdisciplinary Journal，176: 43-55.

Cheng J X，Xu L G，Fan H X，et al. 2019. Changes in the flow regimes associated with climate change and human activities in the Yangtze River[J]. River Research and Applications，35(9): 1415-1427.

Dai X，Wan R，Yang G，et al. 2016. Responses of wetland vegetation in poyang lake，china to water-level fluctuations[J]. Hydrobiologia，773(1): 1-13.

Du X，He W，Wang Z，et al. 2021. Raised bed planting reduces waterlogging and increases yield in wheat following rice[J]. Field Crops Research，265(1): 108119.

Eamus D，Zolfaghar S，Villalobos-vega R，et al. 2015. Groundwater-dependent ecosystems: Recent insights from satellite and field-based studies[J]. Hydrology and Earth System Sciences，19(10): 4229-4256.

Famiglietti J S，Devereaux J A，Laymon C A，et al. 1999. Ground-based investigation of soil moisture variability within remote sensing footprints during the Southern Great Plains 1997（SGP97）hydrology experiment[J]. Water Resources Research，35(6): 1839-1851.

Fan H，Xu L，Wang X，et al. 2017. Relationship between vegetation community distribution patterns and environmental factors in typical wetlands of Poyang lake，China[J]. Wetlands，39: 1-13.

Han X，Chen X，Feng L. 2015. Four decades of winter wetland changes in Poyang lake based on landsat observations between 1973 and 2013[J]. Remote Sensing of Environment，156: 426-437.

Han X，Lian F，Hu C，et al. 2018. Wetland changes of China's largest freshwater lake and their linkage with the Three Gorges Dam[J]. Remote Sensing of Environment，204: 799-811.

Ivanov V Y，Fatichi S，Jenerette G D，et al. 2015. Hysteresis of soil moisture spatial heterogeneity and the 'homogenizing' effect of vegetation[J]. Water Resources Research，46(9): W09521.1-9521.15.

Kalbus E，Reinstorf F，Schirmer M. 2006. Measuring methods for groundwater-surface water interactions: A review[J]. Hydrology and Earth System Sciences，10(6): 873-887.

Lai X，Huang Q，Zhang Y，et al. 2014c. Impact of lake inflow and the yangtze river flow alterations on water levels in Poyang Lake，China[J]. Lake and Reservoir Management，30: 321-330.

Lai X，Jiang J，Yang G，et al. 2014b. Should the Three Gorges Dam be blamed for the extremely low water levels in the middle-lower Yangtze River？[J]. Hydrological Processes，28: 150-160.

Lai X，Shankman D，Huber C，et al. 2014a. Sand mining and increasing poyang lake's discharge ability: A reassessment of causes for lake decline in China[J]. Journal of Hydrology，519: 1698-1706.

Lei X，Gao L，Wei J，et al. 2021. Contributions of climate change and human activities to runoff variations in the Poyang Lake basin of China[J]. Physics and Chemistry of the Earth，Parts A/B/C，123: 103019.

Li X，Hu Q，Wang R，et al. 2021. Influences of the timing of extreme precipitation on floods in the Poyang Lake，China[J]. Hydrology Research，52(1): 26-42.

Li X，Zhang Q. 2015. Variation of floods characteristics and their responses to climate and human activities in Poyang Lake，China[J]. Chinese Geographical Science，25(1): 13-25.

Li X，Zhang Q，Zhang D，et al. 2017. Investigation of the drought-flood abrupt alternation of streamflow in Poyang Lake catchment during the last 50 years[J]. Hydrology Research，48(5): 1402-1417.

Li Y，Tan Z Q，Zhang Q，et al. 2020. Refining the concept of hydrological connectivity for large floodplain systems: Framework and implications for eco-environmental assessments[J]. Water Research，195: 117005.1-117005.15.

Li Y，Zhang Q，Liu X，et al. 2020a. Water balance and flashiness for a large floodplain system: A case study of Poyang Lake，China[J]. Science of the Total Environment，710: 135499.

Li Y，Zhang Q，Tan Z，et al. 2020b. On the hydrodynamic behavior of floodplain vegetation in a flood-pulse-influenced river-lake system（Poyang Lake，China)[J]. Journal of Hydrology，585: 124852-124852.

Li Y，Zhang Q，Tao H，et al. 2019. Integrated model projections of climate change impacts on water level dynamics in the large Poyang Lake（China）[J]. Hydrology Research，52(1): 43-60.

Li Y，Zhang Q. 2018. Historical and predicted variations of baseflow in China's Poyang Lake catchment[J]. River Research and Applications，34: 1286-1297 .

Liu Y，Wu G，Zhao X. 2013. Recent declines in China's largest freshwater lake: Trend or regime shift？[J]. Environmental Research Letters，8(1): 14010-14019.

Mechergui T，Pardos M，Jacobs D F. 2021. Effect of acorn size on survival and growth of *Quercus suber* L. seedlings under water stress[J]. European Journal of Forest Research，140(6): 1-12.

Mei X，Dai Z，Fagherazzi S，et al. 2016. Dramatic variations in emergent wetland area in China's largest freshwater lake，Poyang Lake[J]. Advances in Water Resources，96: 1-10.

Mitsch W J，Bernal B，Nahlik A M，et al. 2013. Wetlands，carbon，and climate change[J]. Landscape Ecology，(4): 583-597.

Phillips D P，Human L，Adams J B. 2015.Wetland plants as indicators of heavy metal contamination[J]. Marine Pollution Bulletin，92(1): 227-232.

Qiang Z，Ying L，Yang G，et al. 2015. Precipitation and hydrological variations and related associations with large-scale circulation in the Poyang Lake basin，China[J]. Hydrological Processes，25(5): 740-751.

Qiu X，Liu H，Yin X，et al. 2021. Combining the management of water level regimes and plant structures for waterbird habitat provision in wetlands[J]. Hydrological Processes，35(5): e14122.1-e14122.14.

Ramsar Convention Secretariat. 2013. The Ramsar Convention Manual: A Guide to the Convention on Wetlands（Ramsar，Iran，1971）[M]. 6 th ed. Gland Switzerland: Ramsar Convention Secretariat.

Shaw S P，Fredine C G. 1956. Wetlands of the United States: Their Extent and Their Value to Waterfowl and Other Wildlife[M]. London: Forgotten Books.

Teuling A J，Hupet F，Uijlenhoet R，et al. 2007. Climate variability effects on spatial soil moisture dynamics[J]. Geophysical Research Letters，34(6): 125-141.

Teuling A J，Troch P A. 2005. Improved understanding of soil moisture variability dynamics[J]. Geophysical Research Letters，32(5): 404-1-404-4.

Tiner R W. 1999. Wetland Indicators（A Guide to Wetland Identification，Delineation，Classification，and Mapping）[M]. Boca Raton: CRC Press.

Wang C，Sample D J，Day S D，et al. 2015. Floating treatment wetland nutrient removal through vegetation harvest and observations from a field study[J]. Ecological Engineering，78: 15-26.

Wang H Z，Xie Z C，Wu X P，et al. 1999. A preliminary study of zoobenthos in the Poyang Lake，the largest freshwater lake of China，and its adjoining reaches of Changjiang River[J]. Acta Hydrobiologica Sinica，23: 132-138.

Wang X，Han J，Xu L，et al. 2014. Soil characteristics in relation to vegetation communities in the wetlands of Poyang Lake，China[J]. Wetlands，34: 829-839.

Wang X，Xu L，Wan R，et al. 2016. Seasonal variations of soil microbial biomass within two typical wetland areas along the vegetation gradient of Poyang Lake，China[J]. Catena，137: 483-493.

Western A W，Blöschl G. 1999. On the spatial scaling of soil moisture[J]. Journal of Hydrology，217(3): 203-224.

Wiraguna E，Malik A I，Colmer T D，et al. 2020. Waterlogging tolerance of grass pea（Lathyrus sativus L.）at germination related to country of origin[J]. Experimental Agriculture，56(6): 837-850.

Wu X，Ma T，Wang Y. 2020. Surface water and groundwater interactions in wetlands[J]. Journal of Earth Science，31(5): 1016-1028.

Ye X C，Zhang Q，Liu J，et al. 2013. Distinguishing the relative impacts of climate change and human activities on variation of streamflow in the Poyang Lake catchment，China[J]. Journal of Hydrology，494: 83-95.

Ye X，Li X H，Liu J，et al. 2014a. Variation of reference evapotranspiration and its contributing climatic factors in the Poyang Lake catchment，China[J]. Hydrological Processes，28: 6151-6162.

Ye X，Li Y L，Li X H，et al. 2014b. Factors influencing water level changes of China's largest freshwater lake，Poyang Lake，in the Past 50 Years[J]. Water International，39(7): 983-999.

Ye X，Xu C Y，Li Y，et al. 2017. Change of annual extreme water levels and correlation with river discharges in the middle-lower yangtze river: Characteristics and possible affecting factors[J]. Chinese Geographical Science，27(2): 325-336.

Yetbarek E，Ojha R. 2020. Spatio-temporal variability of soil moisture in a cropped agricultural plot within the Ganga Basin，India[J]. Agricultural Water Management，234: 106108.

You H L，Fan H X，Xu L G，et al. 2017. Effects of water regime on spring wetland landscape evolution in Poyang Lake between 2000 and 2010[J]. Water，9(7): 467.

You H L，Fan H X，Xu L G，et al. 2019. Poyang Lake wetland ecosystem health assessment of using the wetland landscape classification characteristics[J]. Water，11(4): 825.

Zhang B，Song X，Zhang Y，et al. 2014. A study of the interrelation between surface water and groundwater using isotopes and chlorofluorocarbons in Sanjiang Plain，Northeast China[J]. Environmental Earth Sciences，72(10): 3901-3913.

Zhang J，Li S U，Wang L，et al. 2019. The effect of vegetation cover on ecological stoichiometric ratios of soil carbon，nitrogen and phosphorus: A case study of the Dunhuang Yangguan wetland[J]. Acta Ecologica Sinica，39(2): 580-589.

Zhang L，Yin J，Jiang Y，et al. 2012a. Relationship between the hydrological conditions and the distribution of vegetation communities within the Poyang Lake National Nature Reserve，China[J]. Ecological Informatics，11: 65-75.

Zhang Q，Li L，Wang Y G，et al. 2012b. Has the Three-Gorges Dam made the Poyang Lake wetlands wetter and drier?[J]. Geophysical Research Letters，39(20): L20402.

Zhang S，Kang H，Yang W. 2017. Climate change-induced water stress suppresses the regeneration of the critically endangered forest tree Nyssa yunnanensis[J]. PLoS One，12(8): e0182012.

Zheng L，Zhan P，Xu J，et al. 2020. Aquatic vegetation dynamics in two pit lakes related to interannual water level fluctuation[J]. Hydrological Processes，34(11): 2645-2659.

Zhou X，Lin H，Zhu Q. 2007. Temporal stability of soil moisture spatial variability at two scales and its implication for optimal field monitoring[J]. Hydrology and Earth System Sciences Discussions，(3): 1185-1214.

Zhu H，Xu L，Jiang J，et al. 2019. Spatiotemporal variations of summer precipitation and their correlations with the East Asian summer monsoon in the Poyang Lake basin，China[J]. Water，11(8): 1705.

附录1 数说鄱阳湖(均以现状年2020年为研究对象)

鄱阳湖流域水文与经济概况

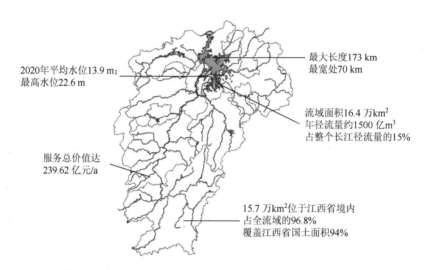

附图1 鄱阳湖流域水文与经济概况(数据由文中总结得出)

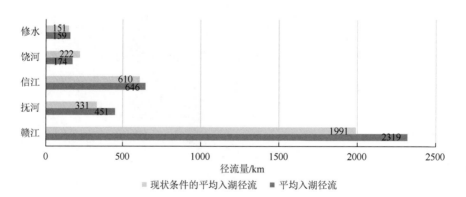

附图2 鄱阳湖流域"五河"入湖径流量

鄱阳湖流域水环境概况

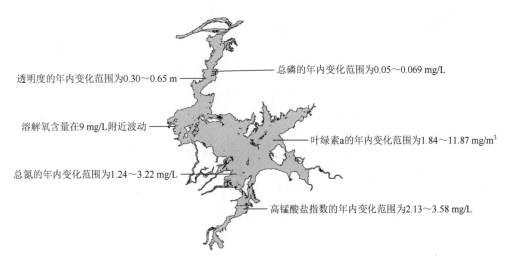

透明度的年内变化范围为0.30～0.65 m

总磷的年内变化范围为0.05～0.069 mg/L

溶解氧含量在9 mg/L附近波动

叶绿素a的年内变化范围为1.84～11.87 mg/m³

总氮的年内变化范围为1.24～3.22 mg/L

高锰酸盐指数的年内变化范围为2.13～3.58 mg/L

附图 3　鄱阳湖流域水环境概况

鄱阳湖流域水域生态概况

浮游植物细胞丰度年均值122 万个/L

鄱阳湖湖区共监测到鱼类78种

发现底栖动物40种

夏季主湖区浮游植物丰度均值524 万个/L
阻隔湖泊均值2130 万个/L

鄱阳湖江豚约700余头

附图 4　鄱阳湖流域水域生态概况

鄱阳湖流域湿地生态概况

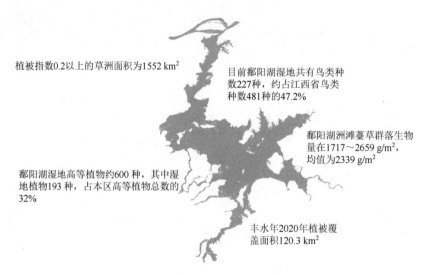

植被指数0.2以上的草洲面积为1552 km²

目前鄱阳湖湿地共有鸟类种数227种，约占江西省鸟类种数481种的47.2%

鄱阳湖洲滩薹草群落生物量在1717～2659 g/m²，均值为2339 g/m²

鄱阳湖湿地高等植物约600种，其中湿地植物193种，占本区高等植物总数的32%

丰水年2020年植被覆盖面积120.3 km²

附图5　鄱阳湖流域湿地生态概况

健康状况

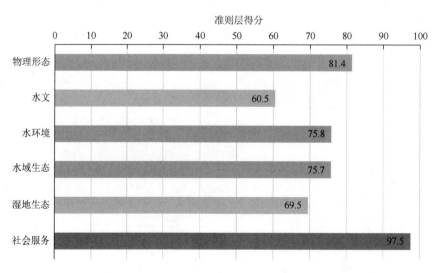

附图6　鄱阳湖生态系统健康评估准则层得分

附录 2 鄱阳湖健康评价公众调查表

姓名	（选填）	性别	男□ 女□	年龄	15～30 岁□　　30～60 岁□ 60 岁以上□
文化程度	大学以上□ 大学以下□	职业	自由职业者□　国家工作人员□　其他_____		
住址	_____（选填）	联系电话	_____（选填）		

河湖对个人生活的重要性		与河湖的关系	河湖居民（河湖岸以外 1 km 范围以内）		□
很重要	□		非沿河湖居民	河湖管理者	□
较重要	□			河湖周边从事生产活动	□
一般	□			旅游经常来	□
不重要	□			旅游偶尔来	□

河湖状况评估					
水量		水质		河湖岸带状况	
太少	□	清洁	□	树草状况	岸上的树草太少 □
还可以	□	一般	□		岸上树草数量还可以 □
太多	□	比较脏	□	垃圾堆放	无垃圾堆放 □
不好判断	□	太脏	□		有垃圾堆放 □

鱼类数量		大鱼		本地鱼类	
数量少很多	□	重量小很多	□	你所知道的本地鱼数量和名称	_____
数量少了一些	□	重量小了一些	□	以前有，现在完全没有了	□
没有变化	□	没有变化	□	以前有，现在部分没有了	□
数量多了	□	重量大了	□	没有变化	□

适宜性状况					
水体整洁程度	无/经常漂浮 □	与河湖相关的历史及文化保护程度	历史古迹或文化名胜了解情况	不清楚	□
	是否有异味 □			知道一些	□
亲水难易程度	容易且安全 □			比较了解	□
	难或不安全 □		历史古迹或文化名胜保护与开发情况	没有保护	
散步与娱乐休闲活动	适宜 □			有保护，但不对外开放	□
	不适宜 □			有保护，也对外开放	□

续表

对河湖保护措施有效性的满意程度调查		
对河湖采取的保护（治理）措施是否显著提高了河湖的水质、生态、景观和社会效益		
显著提高：_____	无明显变化：_____	效果更差：_____

对河湖总体健康状况的满意程度调查			
总体评估赋分标准		不满意的原因是什么？	希望状况是什么样的？
很满意	100		
满意	80		
基本满意	60		
不满意	30		
很不满意	0		
总体评估赋分			

注：在选择项"□"内打"√"，在"_____"上填写相应的内容。